JN105105

NF文庫
ノンフィクション

戦史における小失敗の研究

二つの世界大戦から現代戦まで

三野正洋

潮書房光人新社

はじめに

幼少期、青年期、壮年期を通じて、人生において決断を迫られることは往々にして存在する。このようなときには、何らかの教訓を参考にしたいと痛感するのはしごく当然であろう。これらの教訓は、高名な哲学者、成功した大手企業の創始者、著名な研究者、好成績を記録した往年のスポーツ選手などの著作、言葉から得られる場合が多い。

しかし著者の場合、幼いときから戦史に強い興味を持っていたことから戦争そのもの、または戦闘、なかでも敗北から教訓を学ぶ場合が多々あった。

例えば、敵を大きく上回る戦力を有しながら、油断と慢心に不運が加わって大敗した太平洋戦争のミッドウェー海戦、自らの行動に不可解な制限を設け、結局撤退に追い込まれたベトナム戦争におけるアメリカ軍、見かけの自軍の戦力を過大視し、壊滅的な打撃を受けた湾岸戦争におけるイラク軍など、これらの戦況、結果から得られる教訓は数限りなくあり、それは自分の判断を下す際の強力なアドバイスそのものなのである。

自分自身が後期高齢者となり、そろそろ人生の終焉が見え始めたこの頃、これらの戦争、戦闘の敗北から得ることのできる教訓を多くの人々のためにまとめておくべきと考え、本書を著すことを決めた。

たしかに教訓として相反するものもあるにはあるが、大半はそれぞれにとって大切、重要な決断を下す必要に迫られたとき、何らかの形で参考になると信じている。なにしろ戦争、戦闘とは強大な国家、優れている男たちの集団が、全力を注ぎ、また頭脳を振り絞って遂行する最大のイベントであるからである。

そうでありながらすべてが成功するとは限らないところに、古代から現代に至る戦史の面白さがある。

しかもそれから多くの教訓を得られるのであれば、この分野をできる限り研究、勉強すべきであろう。

本書はこの一助になるよう、現代戦から二五のテーマを選び、教訓をまとめてみた。機会があれば、今後もこれ以外の戦闘について解説し、またそこからでも何らかの役に立つアドバイスを探求したいと考えている。

著者

戦史における小失敗の研究——目次

戦史における小失敗の研究

――二つの世界大戦から現代戦まで

1　なぜ最強の堅陣に挑んだのか
――クルスク戦域のドイツ陸軍

ドイツ対ソ連戦争（独ソ戦）のちょうど中頃の一九四三年夏、押され気味の戦局を打開しようと、ドイツ軍はロシア中部クルスク地方で大戦中最大規模の攻勢を実施する。戦力の中心となるのは豹、虎、象のネーミングを持つ重戦車の大群であった。これを強固なソ連陸軍の防御陣地にぶっつけ、強引に突破を図る。この作戦が成功すれば、ソ連軍の主力を撃滅できるだけではなく、その後の戦いを有利に進めることが出来るはずであった。

真夏のロシアの大地で、独ソ両軍の鉄の猛獣たちは全力で戦い続けたが、その結果は……。

世界の戦争史上、もっとも大きな戦力が真正面から激突したのは、どの戦いだったのであろうか。

とくに陸上戦闘、それも野戦に限るとすると、かなり明確に浮び上がってくるような気がする。

。アメリカ南北戦争におけるブルランの戦い
。日露戦争における奉天会戦
。第一次世界大戦におけるドイツの最終攻勢

などが、その代表的なものだが、〝最大〟という形容詞を与えるならば、独ソ戦争のさいのクルスクの戦闘であると思われる。

なにしろドイツ、ソ連両軍を合わせると

二二〇万人の兵員
五〇〇〇機の航空機
五〇〇〇台の戦車、装甲車
二万四〇〇〇門の火砲

が足かけ一ヵ月、最高潮の戦いは一〇日間にわたって闘ったのだから。

もともとこの戦争は、ヒトラー率いるドイツ第三帝国の軍隊が、大挙ソ連領に侵入したことから開始された。

一九三九年九月に第二次世界大戦は始まってはいたが、ドイツ対ソ連の戦争（独ソ戦争）は四一年六月からである。

イギリスとの戦争が行き詰まっているというのに、ヒトラーは自ずと破滅への一歩となる二正面作戦に踏み込んでいった。

ドイツ軍とソ連軍の兵力比較

	ドイツ 中央軍集団	ドイツ 南方軍集団	ソ連 中央方面軍	ソ連 ボロネジ 方面軍
歩兵師団	8コ	7コ	15コ	15コ
装甲師団	7コ	9コ	4コ	4コ
兵員数	27万人	28万人	44万人	46万人
戦闘車両	1200台	1500台	960台	1300台
火砲	3500門	2500門	2400門	5700門
航空機	1140機	1220機	1620機	1530機
予備を含めた 総兵力		90万人		133万人

しかしながら緒戦においてドイツ軍は、数的には二、三倍のロシア赤軍を圧倒していく。各地で包囲、撃滅戦を成功させ、一〇〇万人を超す捕虜を得る。

もっとも開戦から半年後、冬将軍の訪れと共に赤軍は勢力を持ち直し、その後は一進一退の消耗戦が続いた。

キエフ、スターリングラードなどをめぐる戦闘は激しさを増し、あらゆる兵科で両軍の損害は莫大なものになっていった。

いつの間にか、開戦前にドイツ軍上層部が想定していた進出限界線ＡＡライン（アルハンゲリスク―アストラハン）への到達は、夢の夢でしかなくなっていった。

そのような状況のもと一九四三年夏、ドイツ軍はツィタダレ（城砦《じょうさい》）と名付けた大作戦を実施する。東にロシア軍、西にドイツ軍、そして長さ二八〇〇キロに及ぼうとする戦線の一部に注目すべき場所が存在していた。

クルスクという町を中心として、長さ八〇キロにわたる膨らんだ部分（ロシア側からみて）が現われたのである。

ドイツ軍からは自軍の戦線が凹んでいることになり、これがなんとも気になる。

そのため、大戦力を投入して一気にこのふくらみ——本来ならこれこそバルジ（BULGE）と呼ぶべきもの——の内部にいる赤軍を撃滅しようと考えた。

当然、攻撃は北と南から同時に行なわれなくてはならない。

もちろん、赤軍は堅固な陣地を構築し、防御戦闘に徹するであろうが、それを突破できれば得るところは非常に大きいのである。

しかも攻勢に用いられる新兵器が少しずつではあるが、揃いつつあった。

それは現在でも多くの研究家、マニアの注目を集めている三種の戦闘車両である。

Ｖ号戦車パンター　豹《ひょう》
Ⅳ号Ⅰ型重戦車ティーゲル　虎《とら》
重駆逐戦車エレファント　象《ぞう》
いずれもソ連戦車を上まわる攻撃力と防御力を備え、攻撃の中核戦力となる。

すでに戦闘車両の数から言えば、赤軍のそれは独軍の三倍近くに達しており〝数の優勢〟ははじめから期待できない。

しかし個々の性能をみれば、充分に敵を上まわると、ドイツ軍首脳部は考えたのであろう。

クルスク戦でドイツ軍の主役として活躍したＶ号パンター

それにしても、いくつかの気がかりな点はたしかに存在していた。

先の、数的な劣勢に加えて、敵の堅陣を正面から攻撃しなければならないこと、敵がすでに攻撃を予知している可能性が高いこと、すぐ後方の予備戦力に大差のあることなどである。

それでもドイツ側は、この敵の突出部を完全に切断しようと動き出していた。

もし成功すれば、五〇万人以上の赤軍兵士を捕虜にするだけではなく、約半年前に起こったスターリングラードの大敗の影響を払拭《ふっしょく》できるのである。

さらにはこれを機に、押され気味の東部戦線全体の状況を変えられるかも知れない。

しかしこのツィタダレ作戦は、ドイツ側の思わぬ形で開始された。

一足先にソ連軍の対地航空攻撃が始まり、ドイツ軍がこれを迎撃することになってしまったのである。

それでもその後、体勢を立て直したドイツ軍の北方と南方からの大攻撃がついに幕を開く。

一九四三年七月五日、ロシアの大地が灼熱の太陽に焼かれはじめた頃である。

まず、大口径砲数百門が火蓋を切り、航空機の大群がロシア軍の陣地、車両、補給所に襲いかかる。

それが一段落すると、前述の重戦闘車両を先鋒とした巨大な鉄の楔《くさび》が前進を開始する。

続いてⅢ号、Ⅳ号戦車、その後からは装甲車、トラックに乗った歩兵。

ドイツ軍は持てる戦力の大部分を投入し、なんとしてもこのバルジを、まず敵の戦線から切り離し、次にそれ自体を押しつぶそうと努力していた。

これに対して赤軍もまた、最良の部隊を集め、頑丈に造られた陣地に頼り、突出部を守ろうとする。

この防御を確立すると共に、侵攻してくる敵軍に大打撃を与えるべく、予備兵力を合わせると赤軍は二〇〇万人近い兵士を準備していた。

まさに二大陸軍国同士の精魂を傾注したぶつかり合いであった。

さて先手を打たれたとは言え、数百台の重戦車を揃えたドイツ軍の攻撃は凄まじく、赤軍の最初の防御線はすぐに突破されてしまった。

塹壕《ざんごう》、対戦車壕はドイツ側の攻勢準備砲撃でその大部分が埋まってしまい、役に立たない。

また歩兵に広く行き渡っていた対戦車銃も、分厚い装甲を有するパンター、ティーゲル、エレファントといった鋼鉄の猛獣に対しては無力に近かった。

ドイツ軍首脳は作戦開始から一日とたたないうちに、その成功を予測したほどである。

しかしながら、それが誤りであることに気付くのにたいした時間はかからなかった。

もともとロシア、ソ連の軍隊は攻勢よりも守勢のさいに、持てる能力を発揮する。

ドイツ軍が一線、二線の防衛ラインを力まかせに越えても、その後方にはなお幾重にも構築された陣地が存在する。

さらには、赤軍は新しい防御戦術を取り入れており、これがドイツ側の機甲部隊を悩ませた。

主砲の威力に劣るT34戦車の車体を地中に埋め、砲塔のみを地表すれすれに出した形で運用したのである。

こうすれば機動力こそ発揮出来ないものの、装甲のもっとも厚い砲塔、低い位置で発射できる主砲を思う存分活用できる。

この戦車を埋めて戦う方式は、十数年後幾度となく勃発した中東の戦争でも見られた。

一方、別な厄災《やくさい》がドイツ機甲部隊を襲っていた。

それは新型のパンター、エレファント両戦車の故障である。

どちらも製造後、充分なテストを経ないまま、戦場に投入されていたので、敵弾による損傷と同じくらいの数が故障で動けなくなってしまっていた。

戦時において、配備への時間を優先すべきか、時間をかけても兵器の信頼性を高めるべき

防御側であるソ連軍のT34戦車

かといった課題に答えを出すのはたしかに難しい。

ただしクルスクの戦場では、時間を急いだツケがはっきりと現われてしまったのである。

戦闘がそれほど激しくなければ、故障した戦車を回収、修理して再び戦場に出すことも出来たであろうが、史上まれに見る激戦の中では全く不可能。

停止すれば、すぐに敵の対戦車砲の餌食《えじき》になってしまう。

これらの理由から、攻勢開始後三日目に至ると、進撃はほとんど停止し、互いに兵員、戦闘車両、火砲の消耗戦に陥ってしまった。

こうなると数に勝る赤軍の利点が最大に発揮され、ドイツ側は次第に押されはじめた。

さらにソ連軍は続々と新手を投入し、攻守はところを変えるのである。

そして一週間後、ドイツの上級指揮官は、ツィタダレ作戦の中止を決定、全部隊に対し元の地点まで後退することを命じた。

結局ドイツ側はバルジの北方オリョル、南方ピエルゴロトから、共に約三〇キロ先にあるクルスクを目指したものの、どちらも目標にたどり着くことは出来なかった。

とくにドイツ軍の南方部隊は強力な戦車群を有していたが、それでもプロホロフカで展開された大戦車戦における勝利を逃している。

この戦闘には両車合わせて一五〇〇台以上の戦車が激突し、まさに空前絶後、史上最大の戦車戦闘となった。

ここでも結局、数が質を上まわり、勝利に直結したのであった。

クルスク戦の決算として互いの損害を調べれば、ほぼ拮抗しているものと思われる。

概要として、五〇万人の死傷者が出、一〇〇〇機の航空機、一五〇〇台の戦闘車両、三〇〇〇門の火砲が失われている。

これが七月一日から二週間の間の損害であるから、この戦闘の規模の大きさがわかろうというものである。

そしてクルスク戦が終了すると、一ヵ月もしないうちにバルジの北方から、赤軍の攻勢が開始されるのであった。

ところで、ツィタダレ作戦の失敗の原因を求めるとするると、それはどこにあるのだろう。

現在の視点から振り返ると、次の二点が明確に浮き上がってくる。

一、兵力、戦力の少ないドイツ側が大攻勢を発動したこと。
ソ連の戦史は、この方面の予備を含めた戦力はドイツ一、ソ連二・五の割合であったと述べている。

したがって、攻勢そのものにはじめから無理があったと考えてよい。

二、ドイツ側が敵のもっとも防備の堅い地域を攻撃したこと。
今さら述べるまでもないが、戦闘、そしてスポーツの勝利への道筋は、敵の弱い部分を鋭く突くことにある。

これはいつの時代、どのような勝負についても言えるのではあるまいか。

ツィタダレでは、これとは逆に敵の堅陣に真正面から攻撃を仕掛けている。

これでは例え勝ったとしても、味方の損害は必ず大きくなる。

このツィタダレ作戦を見ていくと、ここに掲げたふたつの事柄は、どうしても避けることの出来ない疑問点として残るのである。

たしかに遠く離れた太平洋の戦いのさいにも、敵の堅陣を犠牲覚悟で攻撃するような場面はあった。

一九四五年四月のアメリカ軍による硫黄島の攻略など、この一例である。

しかしこの場合、自軍の兵力はまさに圧倒的であり、そのうえどうしても戦略爆撃の中継基地としてこの島を奪わなくてはならない必然性が存在した。

他方、クルスクを中心とする両軍の戦闘では、ドイツ軍にこの〝必然性〟もまたなかったといえよう。

したがってやはり、新鋭の重戦車群に頼った無理攻めという批難は免れがたい。

ソ連軍は、この戦域の勝利を声高に宣言したが、ドイツ軍は引き分けであったとしている。

しかも撤退の要因のひとつに、同じ時期にアメリカ、イギリス、自由フランス軍が、同盟側のイタリアの地に上陸を敢行、それに対処する必要性を強調した。

これもたしかに一因と言えなくもないが、やはり史上最大規模の陸上戦闘、クルスクの戦いの勝利者は、赤軍以外のなにものでもなかったのである。

●得られる教訓

敵、相手が待ちかまえている部分への強行突破は愚策に近い。

例え目的を達成した時でも、敵の反撃があり、自軍も大損害を被る可能性が高いからである。

逆に言えば敵の弱点に攻撃力を集中させることが、勝利への必須の条件なのである。

これはビジネスにおける競争、市場獲得などの戦いの場合でも、活かすべき教訓と言えよう。

2 なぜこれほど敗北を重ねたのか
――第二次大戦のイタリア軍

第二次大戦のヨーロッパ戦線。破竹の勢いで連続的な勝利を重ねるドイツ軍の活躍を見て、ムッソリーニ総統率いるイタリア軍も枢軸側に立って参戦する。兵力、戦闘の地域など、何をとってもこの地中海周辺のイギリス軍は弱体で、同軍の勝利は確実なものに思えた。

なにしろ主戦場は、祖国の目の前の海なのであるから。

しかしいったん戦闘が開始されると、イタリア軍はより少ない敵戦力に連戦連敗であった。この原因は何処にあったのであろうか。

第二次世界大戦において、日本、ドイツと共に枢軸の一翼を担ったイタリアは、それなりに強力な陸・海・空軍を有していながら連戦連敗を重ねていく。

この事実は広く知られているが、その反面同国の軍隊がこれほど惨めな敗北を続けた原因、理由となると納得できるだけの解説はあまり見当たらない。

当時四五〇〇万人の人口を有していたイタリアは、

。陸軍　三四コ師団　兵員六七万人　戦車など二七〇〇台
。海軍　戦艦六隻を中心に一八〇隻　空母は建造中ながら結局就役せず
。空軍　第一線機二七五〇機　予備二二〇〇機

そのうち中型攻撃機六〇〇機を主力としていた。

たしかに日、独と比べると肩を並べるほどではないが、大雑把に見て少なくとも半分あるいは三分の二程度の戦力と考えてよい。

なかでも

M13／40中戦車
リットリオ級戦艦
サボイア・マルケッティM79三発爆撃機

の性能は、世界的にも充分評価されるべき水準にあった。

ところが、実際に戦争が始まってみると、ムッソリーニ総統率いるイタリア軍は、話にならないほど弱体である事実が証明されてしまう。

早速、その例をいくつか掲げてみよう。

一、ギリシャ侵攻

第二次大戦勃発の直前、イタリアは人口から言えば七分の一のギリシャに侵攻。遠征軍の兵員は二七万人に達したが、一五万人のギリシャ軍プラス少数の駐留イギリス軍によって簡単に撃破される。

総参謀長のバドリオ元帥は辞任、派遣軍司令官のブラスカ大将は更迭といった有様。人的損害は一万人に達したが、ギ軍のそれは七〇〇〇名に満たなかった。

二、北アフリカの闘い

エジプト占領を目的として、地中海の対岸にあたるエジプト、リビアに大兵力を送る。初期の段階では正規軍九コ師団（一五万人）を中心に、合わせて一三コ師団（二五万人）、戦闘車両一三〇〇台であった。

対するイギリス側は五コ師団（七万人）、戦車四八〇台となっている。

戦闘は一九四〇年の一二月から開始されるが、その後三ヵ月もしないうちに英軍はほんどの拠点を確保した。

このさいのイタリア軍の損害は

死傷者一万八〇〇〇名、捕虜一三万名

戦車四〇〇台、火砲一〇〇〇門

航空機六八〇機、車両二七〇〇台

という膨大なものにのぼっている。

イギリス側のそれは、兵員二七〇〇名が戦死、戦車八〇台を損失といった軽微な数であった。

イギリス第七機械化歩兵師団など兵員数が一・四万名なのに、三万八〇〇〇名のイタリア兵を捕虜にし、その取り扱いに困ったほどである。

ひとりの英将校は捕虜の人数が多すぎて、数を確認することが出来ず『人数よりも面積で数えるほどの捕虜』という表現を用いている。

三、東アフリカにおける敗北

アフリカ大陸の大部分は、当時にあってイギリス、イタリア、フランス、ドイツなどヨーロッパ列強の植民地であった。

その中でもいわゆる〝アフリカの角〟の部分では、英領ソマリランド、伊領ソマリランド（現ソマリア）が隣り合っていたから、当然ここでもイギリス、イタリア軍の戦闘が勃発した。

この戦いはエチオピアに主力を置く伊軍三五万名、スーダンを中心に配備された英軍二万五〇〇〇名の衝突となった。

戦闘は一九四〇年八月から開始され、最初のうちは小競り合いに過ぎなかったものの、翌年の春には本格化する。

ともかく兵力から見れば、伊軍はイギリス軍の一〇倍以上、しかも本国からそれほど離れていない地域での戦闘であった。

ところがここでも、結果はイタリア軍の大敗となる。

紅海のマッサワ港で、イタリア海軍の駆逐艦隊がイギリス地中海艦隊によって全滅させられたこともあって、同年十一月には東アフリカの伊軍は降伏に至る。

三五万名のイタリア兵のうち、死傷者は一割に満たず、捕虜は二三万に達した。

もっともこの頃のイギリス軍には、次々と本国から増援部隊が到着していたが、それでも総兵力は七・五万名であった。

つまりイタリア軍の捕虜の数は、イギリス軍の総兵力の三倍という、なんとも信じられない状況なのである。

さて、戦果なく敗れ去ったのは、イタリア陸軍ばかりではない。

比較的新しく、かつ高速の艦艇を揃えた海軍も、戦力的には半分、あるいは三分の一のイギリス地中海艦隊によって壊滅的な打撃を受けている。

○わずか二一機の旧式艦載機ソードフィッシュの攻撃により、戦艦三隻が一夜にして沈められたタラント軍港の闘い。一九四〇年七月一〇日。

○全く反撃できないまま、重巡洋艦三隻、駆逐艦二隻が沈められたマタパン沖海戦。一九四一年三月二八日。

リットリオ級戦艦リットリオ

これだけではなく、地中海、紅海をめぐる幾多の海戦でも、イタリア海軍は常に犠牲を強いられ、その一方で戦果は皆無に近かったのであった。

加えて一九三〇年代の終わりに『大空中艦隊構想』によって勢力を拡大していた空軍も、これといった活躍を見せないままに終わる。たしかにその第一線機の性能は決して高いとは言えなかったが、他方敵方のイギリスもまた同じであった。

イギリス空軍の新鋭機のほとんどは、言うまでもなく西ヨーロッパを舞台としたドイツ空軍（ルフトバッフェ）との戦いに向けられていたからである。

しかも地中海はもちろん、北アフリカについても、イタリア本土のまさに目の前の地域であり補給に苦労するわけではない。

これに対してイギリス本土から、この戦域に航空機を含む部隊を持ち込むのには、かなりの労力と時間を要する。

つまり条件的にはずっと有利な立場にあってさえ、イタリア空軍もまたより少数のイギリス空軍に圧倒されてしまったのであった。

陸、海、空軍のすべてが、本国の近くの戦場で戦いながら、全く勝てなかった原因はどこに求めるべきなのであろうか。

どうもこの事柄に関する分析は、絶対的なものとは言い難いが、ともかくいくつか理由を掲げてみよう。

一、イタリアにとって必要なかった戦争
日中戦争の泥沼化、対米摩擦によって動きがとれず、否応なく開戦へと踏み切らざるを得なかった日本と異なり、果たしてイタリアが参戦する必然性は存在したのであろうか。
大戦以前の
エチオピア戦争　一九三四年一二月〜三六年五月
スペイン内乱への介入　一九三六年七月〜三九年三月
のどちらも、イタリアの思惑どおりに進み、同国はその手段は別にして目的を達成している。
したがって日独伊三国同盟に加盟しているとは言え、対英戦に参戦する理由など皆無であった。

国民もふたつの戦争によって少なからず犠牲を払っているから、これまで以上の大戦争は決して望んでいなかったはずである。

それでも戦争に突入したのは、当時の世界的流行語

『バスに乗り遅れるな』

に魅せられたためと推測される。

破竹の勢いのドイツ第三帝国と一緒に立ち上がれば、地中海における覇権の強化、アフリカにおける植民地の権益増大に直結すると考えたのであろう。

しかし国民、そして軍部もそれほど戦争の必要性を感じておらず、それが戦闘意欲の欠除につながったのかも知れない。

加えて前述のギリシャ侵攻など、目的、理由も全く不明確であり、する必要のない戦争であった。

これでは総統ムッソリーニとその支持者を除けば、軍人たちの士気も挙がらなかったに違いない、

二、前時代的な軍隊組織

これはとくにイタリア陸軍に顕著であったが、なかでも上級指揮官にこの傾向が強かった。

ひと言でいえば、イタリア陸軍とは私的軍隊の集合体に近いと表現できるかも知れない。

将軍連中はいずれも国の名門の出身、戦地に出向くときさえ、親類の士官はもちろん、使

用人（執事、料理人など）まで引き連れていたと伝えられている。

このような例は他国の軍隊では全くみられない。

先のエチオピア戦争であれば、相手は土着の部族、今でいうところの発展途上国の軍隊であったから、このままでもなんとか対応できた。

しかし例え数は少なくとも、戦闘意欲に燃え、高い技術を有し、訓練を積んでいるイギリス軍相手に闘うとなれば、状況は一変する。

陸、海、空のすべての分野で、イギリス軍は前近代的なイタリア軍を易々と打ち破ることが出来た。

一方、敗れたイタリア軍は、この現実を容易に受け入れてしまっていたようである。

三、石油の備蓄なしに始められた戦争
太平洋戦争の開戦にあたって、日本海軍は二四〇万トン、陸軍は一三〇万トン前後の石油を備蓄したといわれている。

現代の戦争の勝敗が、化石燃料の保有量によって左右されることは、当時も今も同じである。

さらに枢軸主要三ヵ国のいずれもが、自国内に石油を産しない。

この事実を知ると、これらの国々がよく世界大戦に踏み切ったものと唖然とせざるを得ない。

サボイア・マルケッティ SM79 三発爆撃機

いかに備蓄したところで、遠からず消費に追いつかなくなることは、自明の理なのである。ドイツ、日本と同様、イタリアも開戦から一年と経たないうちに燃料の枯渇に苦しみはじめる。

ルーマニアの油田を手に入れたドイツ、ボルネオをはじめ南方の油田を獲保した日本は、とりあえず小康を保つことが出来たが、これといった供給先を持てなかったイタリアは、この石油不足により三軍の活動が次第に鈍くなっていく。

もちろん当面の敵であるイギリスも、石油に関してはイタリアと大同小異のように見えたが、それでも中東の油田を確保しており、さらには陰《かげ》に陽《ひなた》にアメリカの援助があった。

イタリアの場合、開戦後、一年もたつと石油の備蓄は極端に減少、とくに大量に消費する大型の水上艦はほとんど動けなくなる。

この度合は、昭和一九年末の日本海軍といったところであろうか。

つまり出撃できず、一方的にイギリス軍、加えて新手のアメリカ軍からの攻撃を受け続けるとなれば、士気はまさに地に落ちるのである。

結局、この石油の不足が、最初から最後までイタリア軍につきまとったというしかない。

そしてこれまで述べてきた三つの要素の結果といったものが、イ軍の弱さであった。

温暖な地中海の気候、豊かな農作物、そして明るく陽気な気質と、どれをとってもイタリア人が戦争と結びつくとは思われない。

見方によっては、ラテン系の人々こそもっとも戦争と縁遠いのである。

それがあまりに明確なまま、第二次世界大戦に参戦したこと自体が間違いであった。

ところで本音を言えば、このように分析した筆者の胸の内にも隔靴掻痒《かっかそうよう》（なんとなくはがゆく、もどかしいこと）の部分が残る。

色々と学び、研究してみたが、それでもなおあれだけの戦力を有していたイタリア軍の惨敗の事実が信じられないのである。

残念ながら第二次大戦を語った多くの著作、記録にも敗北の原因、理由は述べられていない。

大戦争が幕を閉じてから半世紀以上の時間が流れても、わからない事柄がまだまだ残っている、ということであろうか。

●得られる教訓

もともと今次大戦におけるイタリアは、戦う必要性がまったくなかった。

祖国に対して、ドイツや日本のように何らかの圧力が高まっていたわけではない。

温暖な気候のこの国は、比較的豊かで領土的な野心も薄い。

ただドイツ軍の勢いを見て、自国も多少の恩恵をアフリカ大陸から得たいと考えたのであろう。

もともと同国の軍隊は、伝統的に過酷な戦闘を忌避する傾向があった。

つまり教訓としては、あまり必要としない戦争、そして喧嘩は出来ればしないに越したことはない、というありきたりなものなのである。

3　ロシア戦車部隊の壊滅
――チェチェン紛争

大国ソ連邦の解体に伴って、所属していた多くの共和国が独立への道を選んだ。

しかし同時に民族間の軋轢が高まり、それは新生ロシア対いくつかの共和国、あるいは共和国同士の衝突へと発展する。

その一つとして、カフカス地方のチェチェンとロシアの軍事衝突があった。

こうなるとロシアは、この共和国の独立を阻止しようと軍隊を送る。

その先鋒となった戦車部隊は、チェチェン側の激しい抵抗に遭遇、思いもよらぬ損害を出してしまった。

日本人にとって、ロシア南部カフカス地方に位置するチェチェン共和国は、あまりに遠い国である。

この国は隣りのイングーシ自治州と一体となり、ロシアからの独立を求めて一八世紀から戦い続けている。
もともと住民の大部分はスンニ派のイスラム教徒であるから、ロシア（ロシア正教）／ソ連（共産主義）とは相入れるはずはない。
このためソビエト連邦が成立したあと、徹底的に迫害されている。
とくに第二次世界大戦中には、国民の約半数が中央アジアに強制移住させられ、そのうちのさらに半数が寒さや食糧の不足によって死亡したとの資料もある。
大戦後、彼らは故郷に戻ることが出来たが、ソ連／ロシアに対する怨念は強く残った。
そしてソ連の崩壊と同時に、独立を目指す。
一方、新生ロシアから見れば、この独立はとうてい承認できず、しかもチェチェンには大量の地下資源が眠っている可能性もあって、どうしても支配下に置く必要があった。
このため両者の思惑は正面から対立し、それほど詳しく報道されてはいないものの、血を血で洗う戦いが断続的に続いている。
さて、もう少しチェチェン共和国について記しておこう。
国名　チェチェン共和国であるが、イングーシ自治州を含む
面積　約二万平方キロ　日本の五・四パーセント
人口　約一三〇万人　隣国との境がはっきりしない地域もあり
首都　グロズヌイ　人口三〇万人
宗教　人口の四分の三がイスラム教徒

残りはロシア正教とカトリック

なお、西隣りの北オセチア共和国との間で国境紛争もあり、これにはダゲスタン共和国が絡（から）んでいる。

いわゆるロシアとの紛争は、

第一次ロシア／チェチェン戦争　一九九四年〜一九九六年

第二次ロシア／チェチェン戦争　一九九九年〜二〇〇一年

あるいは現在も一部で継続中である。

もちろん、人口から見てロシアの一パーセントに満たないミニ国家チェチェンが、勝てるはずのない戦争といえる。

しかしその一方で、ロシアもチェチェンの独立勢力すべてを壊滅させることはできない。圧力を強めれば強めるほど、独立派はロシア本国、出先機関に対するテロで反撃するからである。

二〇〇二年一〇月、モスクワの劇場占拠事件では、市民二〇〇人以上が死亡している。加えて多くのイスラム教国家がチェチェンの独立を支援し、少数の義勇兵、大量の武器を供給している疑いもある。

これらの事柄が問題を複雑にし、小康状態が続くことがあっても根本的な解決とは程遠いというしかない。

ところで本稿の主題であるロシア軍戦車部隊が、独立派によって大損害を被った戦闘は一九九四年の一二月に勃発した。

前年、チェチェン国内では独立派（ドゥダーエフ派）と反対派が衝突する。

そして前者が優勢となったことが判明すると、ロシアはこの内戦に介入、独立を阻止する構えを見せたのであった。

しかしロシア大統領のエリツィン（当時）としては、すぐに武力を用いようとは考えていなかった。

チェチェンはあまりに小さく、かつ独立派の勢力もその影響は国民全体に及ぶまでには至っていない。

ともかく、同国の人口は一三〇万人なのと比較して、ロシアの首都モスクワの人口は八〇〇万人なのである。

まずチェチェンの人々に、強大なロシアの軍事力の一端を見せつけさえすれば、それだけで無言の圧力となり、独立派は影を潜めるものと期待された。

このため、首都グロズヌイの郊外に進攻したロシア軍部隊の戦力は、

兵士八万名、戦車二二〇台、装甲車二〇〇台

航空機、ヘリコプター一二〇機、火砲二〇〇門

という強大なものであった。

前述のごとくこれだけの戦力が首都の前面に迫れば、問題は一挙に解決すると考えても一向に不思議はない。

エリツィンとしては、この示威行動によって独立派がグロズヌイから撤収すれば、武力行使は避けられると読んでいた。

ところがドゥダーエフを中心とする三〇〇〇名からなる勢力は、一向に立ち退かない。

そのため一二月二一日、ロシア軍はまず一二〇台の戦車、八〇台の装甲車を市内に送り込んだ。

もちろん戦闘が目的ではなく、力を見せつける目的である。

市民との摩擦をきらって歩兵、砲兵は郊外で待機し、戦車部隊のみがグロズヌイ中心部に向かう。

戦車はT72、そして最新鋭のT80、装甲車は装輪式のBTR60または80であった。

合わせて二〇〇台の戦闘車両は、エンジンの轟音と共に、わずかに雪の残る町に入った。

あらかじめ部隊の将兵には、示威行動であるむねの命令が伝達されている。

これらの事実から、侵攻/進攻したロシア軍の指揮官、兵士は次のように考えていたものと思われる。
一、この行動は戦闘を想定しておらず、あくまでもデモンストレーションである。
二、チェチェンの武装勢力は、実力でロシア軍を阻止するかまえを見せておらず、さらに重火器は保有していない。
三、万一、抵抗を受けるとしても、それはきわめて微弱なものであろう。
しかしいったんグロズヌイ中心部まで進むと、それからの予想が全く間違っていたことを

ロシア軍のT72。チェチェンでは大きな損害を出した

思い知らされるのであった。

　ドゥダーエフらは、早くからロシア軍の介入を察知し、考えられるだけの対策をとっていた。もちろん、強大なロシアの侵攻軍を追い返し、容易に独立を勝ち取れるなどとは考えていない。

　彼らとしては、少しでもロシア軍ならびにロシア国民に出血を強要し続ければ、いつかは渋々ながら独立を承認せざるを得なくなるとの確信があった。

　これこそ、ゲリラ、非正規戦のもっとも肝要な部分なのである。

　アルジェリアのフランス軍、ベトナムのアメリカ軍、アフガニスタンのソ連軍のいずれもが、個々の戦闘では勝利をおさめながらも、最終的にはそれぞれの国から撤退を余儀なくされたといった事実がある。

　これらが彼らにとって、なによりも強い心の支えとなっていた。

さらにドゥダーエフ派は、内戦の勃発後、自国の軍隊、周辺の共和国から大量の火器を入手、とくにAK47自動小銃、RPG2／7携行ロケット砲はあり余るほど保有していた。

戦闘車両二〇〇台からなるロシア軍部隊はグロズヌイの大通りまで入り、そこで停止したが、町にほとんど人通りはなく、静まり返っていた。

突然、先頭と最後尾の装甲車に向け、多数の対戦車ロケット弾が発射され、またたく間にそれらは炎上する。

以後、町の建物の中から猛烈な射撃がはじまり、大戦闘となった。

戦車、装甲車の中にはエンジンを停止させ、乗員が車外に出ている場合も少なくなかった。

この状況で攻撃されたため戦車、装甲車は組織立った反撃も出来ず、次から次へと撃破されていく。

銃撃が激しく、車外の兵士は車両に乗り込むことも出来ず、負傷者は続出する。

戦車砲を用いて反撃しようにも市街地であり、その上わずか十数メートルのところで俊敏に動きまわっている敵兵に照準を合わすのは難しい。

戦車部隊が歩兵を伴わず、単独で市内に入ってきたことが、ロシア側にとって著しく不利となった。

なにしろあるT72戦車など、短時間のうちに十数発のロケット弾を浴びる始末である。

数時間の戦闘ののち、ようやく増援のロシア軍が到着し、独立派勢力を市街地から追い出した。

しかし大通りには破壊された数十台の戦車が巨大な動物の死骸のように横たわり、なかには燃え続けているものもあった。

翌日までに戦車一二〇台のうち一〇二台（八五パーセント）、装甲車八〇台のち七二台（九〇パーセント）が破壊あるいは損傷を受け、兵員の死者は三八〇名にのぼっている。負傷者を含めると、侵攻軍の半分が負傷した計算になる。

一方、攻撃した側の損害は不明であるが、一〇〇名には達していないと思われる。

この戦闘については、イギリス人記者の撮影した写真が残されているが、それによるとグロズヌイの中心部は破壊、炎上した戦車の残骸で埋め尽くされた印象といってよい。

ロシア軍はすぐに戦死者の遺体、車両の回収、負傷者の救助作業を開始したが、それには五日間を要した。

これが終了すると共に、待機させていた砲兵を投入、報復の目的をもってグロズヌイに猛砲撃を開始する。

加えて地上攻撃機、攻撃ヘリコプターによる攻撃も実施したため、一〇〇〇人以上の市民が死亡し、チェチェンの首都は廃墟に近い状態になってしまった。

同時に厳重な報道統制を敷いていたので、この状況の詳細、グロズヌイの市街地の破壊の様子などはほとんど報じられないままであった。

二週間後、ロシア軍はこの町を完全に占領、近郊で独立派の掃討作戦を実施する。

年が変わると共に、独立派は大打撃を受け、指導者ドゥダーエフもミサイル攻撃により戦死した。

それにしてもこのグロズヌイの戦闘の結果は、エリツィン政権とロシア軍首脳に大きな衝撃を与えたと言わざるを得ない。

それほど、強力な対戦車兵器とは思えないRPGロケット砲でも、至近距離から大量に発射されると強烈な打撃となる。

そして最新式のT80戦車は、その攻撃に耐えられないことを思い知らされた。

またチェチェンのイスラム教徒たちは、決してロシアの威光など恐れておらず、どのような犠牲を払おうと、独立を勝ち取る覚悟を決めている事実もわかった。

このあとチェチェン紛争は、首都モスクワ、イングーシ共和国、ダゲスタン共和国、北オセチア共和国を巻き込んで、まさに泥沼化する。

これによりチェチェンの難民は続々とイングーシに流入するが、この中には多数の独立派がまぎれ込み、混乱は拡大する一方であった。

最新の資料では、一〇年間の戦いによって
ロシア軍人の戦死、行方不明一・二万名、同民間人の死者一二〇〇人
チェチェン独立派の戦死、行方不明一・五万名、同民間人の死者八万人
が出たと伝えられている。

さらにロシア軍特殊部隊による独立支持者への暗殺、イスラム教指導者などへの浄化〝ザチストカ〟作戦での犠牲者は五万人といった数値である。

T80 戦車

ロシアとしては、チェチェン紛争の報道を隠蔽すると共に、イスラム勢力の拡大阻止という命題からは、アメリカ、西側諸国からの暗黙の了解を取り付けているようにも思える。

たしかにニューヨーク、ロンドンの大規模テロリズム勃発後となっては、ロシアのチェチェン介入を止めようとする大国は皆無に近い。

その一方で、介入、支配を続けるかぎり、ロシア本国あるいは駐留軍に対するテロ攻撃は絶えることはなさそうである。

どうしてもロシアからの独立を願うイスラム教徒の国チェチェン、そしてそれを認めれば、国家全体の危機を招くとするロシア。

その対立を解くための鍵は、全く存在しないように思えるのである。

人々は皆、戦争だけは避けたいと望みながらも、それを避け得ない現実がここに明確に示されている。

わが国の学校教育のさいにも、口先だけの平和を唱えるばかりではなく、このような事実を教えるべきではなかろうか。

なお文中の戦闘の規模、状況などについては、ロシアではなくイギリスの情報によっている。

●得られる教訓

わが国と異なり、陸続きに国境線を有する国々は、領土、民族、宗教、国家体制の違いにより摩擦を生じやすい。

このため否応なく武力介入する場合があり、多くの犠牲が生じてしまう。

このような事態を避ける方策は、前述の相違点が複雑であるため非常に難しい。

教訓としては、互いのすべてを尊重し、不干渉を貫き通すことであろうか。

しかし同じ区域、地方、国内に多種多様な民族及び宗教が混在して生活しているような場合では、それさえも実現不可能なのである。

4 潜水艦にとって、もっとも大切なものはなんだったのか
——第二次大戦の各国海軍

太平洋戦争中、日米がほぼ同じ数をもって戦った大型兵器が存在した。

それは延べ数で約二〇〇隻の潜水艦である。

また個々の艦のカタログデータを比べてみると、日本海軍が優れていたようにも思える。

しかし戦果に対する損害率を見ると、日本側に圧倒的に多かったことがわかる。

この最大の理由は、速力、攻撃力といった性能ではなく、思いもかけぬところにあった。

この問題に関して日本海軍は、あまりにも無頓着であった。

広く知れているように
大西洋におけるドイツ海軍のUボート
太平洋におけるアメリカ潜水艦
の脅威はまさに恐るべきものであった。

前者は連合軍によって〝灰色の海の狼《おおかみ》〟と呼ばれ、軍艦、商船を問わず三〇〇〇隻を沈めている。

このため日本と同様の島国であるイギリスの運命は、大きく揺らいだという他はない。

しかもこの状況は第一次、第二次世界大戦のどちらにも共通したのである。

一方、太平洋戦争の中期以降、アメリカ海軍の潜水艦隊は思うままに暴れまわった。

日本海軍の戦艦金剛、航空母艦信濃といった大型水上艦はもちろん、駆逐艦さえこの犠牲となっている。

さらに南方の資源地帯と日本本土を結ぶ海上交通路シーレーンは、見る影もないほど切断されている。

ともかく四隻の艦艇に護られた六隻の輸送船が、わずか一日にして全滅という悲劇さえ発生した。

レーダーを駆使したアメリカ潜水艦群の攻撃は執拗で、エスコートに当たっていた日本の空母まで撃沈される有様である。

アメリカ、イギリスと違って、敵潜水艦の探知、掃討能力に劣っていた日本海軍は、これに手も足も出せなかった。

さて、各国の標準的な潜水艦の性能、能力を見ていくと、別表のとおりである。

ドイツ海軍のUボート　Ⅶ C型
アメリカ海軍の潜水艦　ガトー級

第二次大戦中の主な潜水艦

	伊15型(日本)	呂30型(日本)	ガトー級(アメリカ)	ⅦC型(ドイツ)
水中排水量(t)	3650	1200	2400	850
水中排水量(t)	2200	700	1530	750
全　　長(m)	109	73	95	67
全　　幅(m)	9.3	6.7	8.3	6.2
吃　　水(m)	5.1	3.3	4.7	4.8
水中出力(HP)	2000	1200	2740	375
水上出力(HP)	12400	3000	5400	1400
水中速力(kt)	8	8.2	8.8	7.6
水上速力(kt)	24	19	20.3	17
水中航続距離(kt／海里)	3／96	3.5／94	2／96	4／80
水上航続距離(kt／海里)	16／14000	12／8500	10／11000	12／6500
備砲(口径cm×門)	14×1	7.6×1	7.6×1	8.8×1
魚雷発射管(直径cm／門)	53×6	53×4	53×10	53×5
乗　　員(名)	94	61	80	44

日本海軍に伊（イ）号、呂（ロ）号を比較してみた場合、性能だけを見ていくならばいずれも大差はない。

それどころか、少々寸法的に大きすぎる点を除けば、もっとも優れているのは間違いなく日本の伊号潜水艦である。

とくに当面の敵であるアメリカ潜水艦と比べたとき、水上、水中速力ともかなり大きい。

加えて潜水艦から航空機を発進させ、しかもそれを実際に活用したのは日本海軍のみであった。

この事実だけから見ても、日本の潜水艦は世界の頂点に立っていたと言えるのではあるまいか。

現に、日本海軍の造船技術者がソロモンにおいて座礁した、アメリカ潜水艦（ダーター一九四四年十月）を調査したあとの結論として
「特筆すべき点なし。すべてにおいて平凡」との評価を下していた。

その一方で、実際の戦果は素晴しく

日本の輸送船　一一一三隻　四七八万トン
　　　艦艇　二六一隻　五四万トン

を撃沈している。

それに対して損失はわずかに五二隻であった。

一方、日本海軍の潜水艦は、乗組員の勇敢さとは裏腹に、これといった活躍はしないまま

アメリカ・ガトー級潜水艦

であった。

たしかに空母ワスプ、重巡洋艦インディアナポリスの撃沈といった戦果はあるにはあるが相対的に低調であり、アメリカ海軍の艦艇はもちろん、とくにその輸送船団の脅威にはならないままであった。

日本側の損失は約一六〇隻であるから、ごくごく大雑把にまとめれば、日本海軍潜水艦隊の総決算として

損害はアメリカ側の四倍
軍艦に対する戦果は五分の一
輸送船、商船に対する戦果は一〇〇分の一

といったところか。

なにしろ日本の潜水艦隊とその乗組員に関して言えば、労多くして、得るものは少なかった。

そこでこの原因となるものを探っていこう。

しかしその前に対潜掃討という分野について、調べておく。

海中に身を隠して攻撃の機会をうかがっている潜

水艦を、どうすれば発見することが出来るのだろうか。

これは当時はもちろん、現代であってもそう簡単とはいえないようである

一、聴音探知
潜水艦は必ずなんらかの音を出す。

それも個々に固有の騒音を発するので、その位置を示してしまうばかりか、艦名まで読みとられる場合もある。

探す側は水中聴音機を用いるが、これがもっとも有効な方法だろう。

第二次大戦中では、これがほとんど唯一の手段であった。

二、磁気探知
地球のすべての地域には、それぞれ一定の地磁気が存在する。

この磁場によって磁石の針は南北を指すことは誰でも知っている。

これは、偏角、伏角、水中磁力といった三要素から成り立っている。

巨大な鉄の塊である潜水艦が存在すれば、その周辺の地磁気は大きく歪《ゆが》む。

これを調べることによって、潜水艦の位置がわかるのである。

三、音波探知

ソナー（Sound navigation ranging）とも呼ばれる水中専用の音響機器。

超音波を発信し、それが潜水艦に当たり、戻ってくるまでの時間から距離を、さらに反射音の方向から位置を探ることが可能。

まさに水中のレーダーである。

一と三は水上艦艇、あるいは潜水艦によって、二は航空機によって使われる。

もちろん、潜水艦が水上を航行しているのなら、目視やレーダーによる発見、探知も容易だが、いったん潜ってしまうと、これを見つけ出すのはかなり困難となる。

前述のごとく第二次大戦中、もっとも有効な聴音探知という方法に関して、探す側に大きな弱点があった。

敵潜水艦の出す騒音を捉えようとすると、自分の艦の出す機械音が邪魔になってしまうのである。

エンジン音、スクリュー音は呆れるほど大きいから、潜水艦の出す音をなかなかつかまえられない。

そうかといって潜水艦が存在すると思われる洋上において、機関を停止するのはあまりに危険すぎる。

この矛盾はどうしても解決できなかった。

他方、潜水艦側から見た場合、やはり問題は音である。

水中では電気モーターで推進するから、ディーゼルエンジンより騒音は少ない。それでもモーター、シャフト、スクリューの回転音は必ず発生し、それは自分の位置を敵に知らせてしまう。

これを防ぐため、モーターを停めればたしかに静かになることはなるが、艦内の空気には限りがあるので、長時間水中にとどまるのは不可能である。

そして敵が高性能の水中聴音機を装備しているとなれば、必ず捕捉されてしまうのであった。

それにしても潜水艦の最大の強味は、その隠密性である。身を守るためにもっとも重要なのは、水中航行時の騒音の少なさに尽きる。

日本海軍潜水艦の弱点は、ここにあった。

水中、水上航行速力、航続力、主要な攻撃兵器である魚雷の性能などに関しては、充分な検討が行なわれ、それは設計に活かされてきた。

これによって、カタログデータ上からは、世界最高水準の能力を与えられたことは間違いない。

しかし騒音の発生を防止しようとする努力は、果たして続けられたのであろうか。

関連の資料を漁っても、これに関する記載は皆無であって、全く見つけることが出来なかった。

当然、潜水艦設計グループ、造船所、用兵側との話し合いは、何回となく繰り返されたはずだが、その場で水中における騒音が話題となったことがあったとは思えない。
また日本海軍が実際に潜水艦を用いて、騒音の測定を実施したという記録も見当たらなかった。

たしかに現実の問題として、潜水艦から出てくる音を調べるのはかなり難しい。
言うまでもなく、海底の地形、潮流、海水温度などによって、同じ周波数、同じ大きさの音でもその伝わり方は大きく異なってしまう。

また潜水艦と測定側の位置の関係も、少なからず影響する。
日頃、物理学の教鞭をとっていた著者が考えても、なにを測定の要素（パラメーター）にとって調べるべきか迷ってしまう。

結局、水中に大規模な実験装置を設置し、その中からモーターとスクリューを据えつけ騒音を発生させ、それを数ヵ所の測定点で計測するのが最良の方法といえよう。

イギリス海軍の資料は見付けられなかったが、ドイツではキールのブレーマーハーフェンに、アメリカではニューポートニューズのミスティックポートにこの種の実験設備を造り、徹底的に静粛性《せいしゅくせい》の研究を行なっている。

これに対し当時、世界第三位の実力を有していた日本海軍が、同じような実験設備を造ったという記録はない。

日本海軍の伊八号潜水艦は、唯一日本とドイツの間を往復した壮挙で広く知られている。
スエズ運河を通過することは出来なかったので、片道八〇〇〇海里（一万四八〇〇キロ）

ドイツUボート・VIIC型

近い。

ドイツ占領下のフランス基地に到着した伊八号を、ドイツ海軍は諸手を上げて歓迎した。アジアの同盟国から延々とアメリカ、イギリス海軍の網の目をくぐり抜け到着、そして同じ道を戻らなくてはならないのだから。

その航海技術、航続性能とどれをとっても驚嘆に値するのである。

船体が小さく、また航続性能が充分でないUボートにはとうてい無理な行動であった。

この面からは充分に評価されたものの、別の面から伊八はドイツ海軍を呆れさせた。

これをひと言で言えば、次のようになる。

『これほど騒音の大きな潜水艦が、よく敵に見つけられずにドイツまでやってこられたものだ』

大西洋、地中海で、アメリカ、イギリス両国のハンター・キラー対潜掃討グループとの死闘を繰り広げているUボート部隊の、これが本音であった。

ここに掲げたハンター・キラーとは、二隻の駆逐艦が一組となり、そのうちの一隻が狩り出し役、残りの一隻が仕留める役を担当する対潜水艦戦術である。

こうするとハンターは洋上停止、聴音探知、キラーがその情報をもとに攻撃という非常に効率よく敵の潜水艦を沈めることができる。

これによって、群狼作戦（ウルフ・パック）に従事していたUボートは、大打撃を被ってしまった。

そして聴音技術が、その中心となったことに疑問の余地はない。

要目、性能表からは頂点にあった日本海軍の潜水艦だが、数値に表わせない静粛性といった面からは、Uボート、ガトー級に大きく水をあけられていた。

そしてこれが多くの伊号、呂号の運命を決めたのである。

日本の潜水艦技術者が、この点を無視とは言わないまでも軽視したこと自体、悔み切れない失態というしかない。

また別の見方に立つと、技術とは恐ろしいものであることが実感できる。

なにしろ数字、数値で表わすことが出来ない静粛性という要素こそが、多くの軍人の生命に直結するのであるから。

これに気付くと同時に、このような状況をどのように伝え、学ばなくてはならないのか、その手段が思い浮かばないのである。

失敗の事実が充分理解されていながら、その対策に苦しんでいるひとつの例といえよう。

蛇足ながら潜水艦をめぐる静粛性の問題の重要さは、現代でも全く変わっていない。

わが国を含む各国の潜水艦は、水中航行のさいの騒音をいかに小さくするか、頭を絞っている。

また構造からいって、通常型潜水艦は原子力推進のものより、かなり騒音は小さい。

これは通常型最大の長所なのである。

このこともあって、海上自衛隊の保有する一八隻の潜水艦の価値は決して低いとは言えないのである。

●得られる教訓

当時はもちろん現在であっても、水中の潜水艦を探知するもっとも重要な手段は〝聴音〟、つまり発する音を捉えることである。

レーダーが使えない海中においては、これが探知する水上艦側の最適な方法である。

日本海軍の潜水艦は、潜航中に少なからず雑音を出し、これによって容易に発見されてしまった。

この点について、歴戦のドイツ海軍のUボート指揮官は、強くアドバイスしている。

つまり生き残るためには、静粛性こそが、速力、航続力、攻撃力よりもずっと大切であった。

このようにカタログデータ、目に見える部分などよりも、一見考えつかない事柄が、重要であった事実を覚えておく必要があろう。

同じ例は人生においていくつも存在するはずなのだが、思いつくこと自体が難しい、といってよいだろう。

5 繰り返された全く同じ失敗
――インドシナ戦争とアルジェリア戦争

第二次世界大戦に敗れていながら、フランスは相変わらず植民地を手放そうとはせず、その結果、アジアではインドネシア、アフリカではアルジェリアという二つの非正規戦争に直面する。

普通に考えれば植民地経営より、敗戦により少なからず被害が出ている自国の再建に力を注ぐべきだったのだが、フランスの政府はそうはしなかった。

そしてそのどちらの紛争にも、多くの人的、経済的損失を記録し、結局敗れるのであった。

我々人間は、一度ならず失敗を繰り返す。

時には、それがきわめて短い周期で起こり得ることもある。

しかし組織や国家となれば、いくつかのチェックも可能となり、このような例は少ない。

ところが、現代史のなかには、時系列的に引き続き、ほとんど同じ失敗が連続する場合もある。

当然、すぐ目の前の失敗ならば決して忘れるはずはないと思われるが、現実の世界ではこれが明白に存在する。

ここではその、あまりに典型的な例を紹介していこう。

最初の舞台はユーラシア大陸の一角インドシナ半島、他のひとつはアフリカ大陸の地中海に面したアルジェリア、そして両方に係わりを持つのは大国フランスである。

一、フランスのインドシナ（ベトナム）

かつて仏印（フランス領インドシナ）と呼ばれていたこの地方は、一八八四年武力によってフランスの植民地にされてしまった。

しかし民族主義者ホー・チミンらによる反フランス、独立運動が一九四〇年代から顕著になっていく。

彼らはベトミン（越南独立同盟）を結成、抗仏、抗日運動を繰り広げていった。

第二次世界大戦の終了と共に、いったん日本軍によって追い出されていたフランスは、再びこの地方の再植民地化を画策する。

自らは本国をナチス・ドイツにより長期間にわたって占領され、散々苦しい生活を強いられていながら、解放のあと平和がやってくると、すぐに遠いアジアの他国の統治に乗り出す。

このような欧米人の神経は、なかなか理解し難い。

ホー・チミン

しかし、ベトナムの人々にはこれを容認する気持ちは毛頭なく、反仏、独立に向け一丸となって動き出した。

その結果勃発したのがインドシナ戦争であり、第二次大戦の直後から数年にわたって、フランス軍、現地人部隊対ベトミン軍の熾烈な戦いが始まったのであった。

戦闘は、北部のハノイ周辺を中心として展開され、最初のうちはアメリカから供与された近代兵器を大量に持つフランス軍が優勢といえた。

とくに一九四七年の一年間は、イギリス軍がフランス軍を支援したこともあって、この状況が続く。

少なからず損害を被り正面から戦う不利を背負ったベトミン側は、これ以後ゲリラ戦に戦術を変更し、徐々に反撃を開始する。

さらに、中国からの援助が到着しはじめ、ベトミン軍は五〇年代に入ると積極的な攻撃に出た。

そして、五四年の春に始まったディエン・ビエン・フー基地の攻防戦において、最終的な勝利を得たのである。

こうして、七〇年にわたってこの地を支配していたフランスは、実力によって追い出されたのであった。

◦戦争の期間

一九四六年一二月～五四年七月

◦最大動員数　フランス側五五万名　現地軍五〇万名　ベトミン軍二九万名

◦死傷者　フランス軍三・一万名　現地軍一五万名　ベトミン軍および一般市民五〇万人

◦戦費　フランス側八一億ドル　ベトミン側一三億ドル

結果としてベトミン側は北緯一七度線の北側を支配し、南側には親仏政権が誕生した。フランスはしばらくの間、南に影響力を持ってはいたが、その後アメリカがこれに代わった。

そして六年半後には、第二次インドシナ戦争とも呼ぶべき〝ベトナム戦争〟が勃発する。フランスの失敗の最大の要因は、世界がすでに民族自決の時代に入っているのに気付かず、ベトナムの再植民地化をはかったことによる。

そして第二次大戦の勝者アメリカも、状況を詳細に分析することなく、フランスに肩入れするのであった。

二、アルジェリア戦争

インドシナ戦争よりあとの独立戦争だが、最初の数年はそれと重なり合う。

地中海沿岸のアルジェリアは、一八三四年からフランスの支配下に入り、植民地として否応なく圧制に苦しめられる。

インドシナ／ベトナムとは異なって、本国の目の前に位置するだけに、アルジェリアには大勢のフランス人が移民として入植していた。

彼らはコロンと呼ばれ、この地に絶大な権力を築くことになる。

アルジェリア人たちは、土地を奪われ、差別的な生活を余儀なくされていたため、二〇世紀に入ると共に解放、独立への願望が高まっていった。

第二次大戦が終わったあとになっても、フランスの統治が続いたため、一九五四年十一月、民族解放戦線ＦＬＮが武装闘争を宣言した。

兵力から見れば、アルジェリア側一〇万名、フランス側五〜六万名であったが、本国政府はすぐに増派に踏み切り、のちに五〇万名まで膨れ上がる。

これに対してＦＬＮも五万名を増強、アルジェリア全土が戦場となった。

重装備のフランス軍と結束力を誇るコロンの自警組織に対し、ＦＬＮは要人へのテロ、拠点攻撃、本土での爆弾攻撃で対抗し、戦争は残虐さを増すばかりであった。

それでもフランス政府は、アルジェリアの支配をあきらめようとはせず、戦いは長期化する。

これは大戦で疲弊していたフランスの経済にとってきわめて大きな負担となり、本国政府もアルジェリアの放棄を考えはじめた。

あせりを覚えたコロンは、フランス政府要人の暗殺、クーデターまで画策し、現地も本国も混乱するばかりであった。

時にはフランス軍、アルジェリア駐留フランス軍、コロン（のちに軍事組織ＯＡＳとなる）の民兵が小競り合いを繰り返すことさえあった。

五八年に至ると、シャルル・ドゴール大統領の第五共和制が発足、この政権はついにアルジェリアの独立ならびに自治権を認めることになる。

以後、ＯＡＳとの軋轢が高まったものの、ドゴールはこれを力で排除し、六二年三月アルジェリアは完全な独立を果たした。

。戦争の期間　一九五四年十一月〜五八年九月

。最大動員数　フランス側五〇万名　解放戦線軍三〇万名

。死傷者　フランス軍三・三万名　同民間人八四〇〇人

ＦＬＮ　二七万名　同民間人五万人以上

。戦費　両方の側とも未発表

シャルル・ドゴール

さてこれまで見てきたとおり

インドシナ戦争とアルジェリア戦争のどちらに

も、多くの共通点がある。
順不同ながらそれらを掲げる。
一　列強の植民地からの独立戦争である。
二　フランスは大兵力を派遣し、ゲリラ戦術で対抗する不正規軍と闘った。
三　戦闘の大半は、戦闘機、戦車などを持つ近代的な軍隊と、旧式の軽火器、爆発物を武器とする民兵との戦いであった。
四　どちらの側も軍人、政治家、そして民間人に対するテロを躊躇することなく実行した。
五　戦局は当然ながら、前半フランス側優勢であったが、後半は逆転する。
六　最終的にいずれの戦争も、フランス側は少なからぬ打撃を被り、植民地から退去せざるを得なかった。
七　独立側には、多かれ少なかれ外国からの援助が存在した。
八　アメリカはどちらの戦争にも直接介入しなかったが、多大な軍事援助をフランスに対して実施していた。
九　戦闘による死傷者は、大体においてフランス軍一に対し、独立側三〜四の割合であった。
一〇　独立戦争であるから、現地住民の大部分は反フランスで、独立勢力は市民の強い支持を受けていた。
もちろん、インドシナ、アルジェリア戦争の相違点も数多くあるが、根本のところでの

『共に宗主国フランスに対する植民地側の人々の独立戦争』であることには変わらない。

このふたつの戦争を見ていくと、その結果以上に大きな歴史のうねりのようなものが感じられる。

そのひとつは、第二次世界大戦と切り離して考えなくてはならない〝太平洋戦争の意義〟である。

たしかに戦前のわが国の国策にとって侵略と糾弾される部分も存在したが、その反面、世界中の有色人種に、植民地からの脱却といった覚醒《かくせい》を与えた事実も残る。

インドシナ戦争の実質的な終結は、ディエン・ビエン・フーの陥落、つまり一九五四年の五月であった。

そしてアルジェリア戦争の勃発が同年十一月であることを知ると、日本軍の仏印進路／在インドシナのフランス軍の降伏から始まった白人勢力の縮小、インドシナ戦争、アルジェリア戦争へと、太い一本の流れが見られるのである。

決して太平洋戦争を全面的に肯定するものではないが、アジアの白人による植民地政策に大きな打撃を与え、それによって現地の人々が独立のために立ち上がったのも事実なのであった。

それにしても、フランス政府と軍人の頑迷さ、当時の首脳の無能さには信じられない気がしている。

第二次大戦によって崩壊に近いところまで追い込まれ、ようやくそこから国家の立て直しに着手すべきときに、本国から八〇〇〇キロも離れたアジアの一角に、再度植民地を持とうとは、まさに狂気に近い。

またアルジェリアの場合、同じ状況でインドシナ半島から撤退せざるを得なかったにもかかわらず、ここでも広大な植民地を維持しようと莫大な費用と大兵力を費やしている。インドシナの惨めな体験が目の前に厳然と立ちはだかっていることを忘れ、同じ失敗を見事なまでに繰り返したのであった。

それどころか、アルジェリア戦争では、コロンと手を組んだ現地のフランス軍の一部がたびたびクーデターを画策し、ついには元首ドゴール大統領の暗殺事件まで引き起こす。それまでの自己の権益に執着する勢力は、母国を混乱に陥れたばかりか、国を二分しかねない有様であった。

結局、良くいえばフランス人の良識と良心、うがった見方をすれば戦争によるフランス人の犠牲者、戦争の経費の急激な増加が、最終的に植民地の放棄という形になったのである。

当時にあって、わが国は太平洋戦争敗北の衝撃から抜け切っておらず、また海外から入る情報の量もきわめて限られていた。

このためインドシナ戦争、アルジェリア戦争の経過の状況に関しては、ほとんど知られないままであった。

それどころか、現在でもこれらは決して充分ではない。

したがって日本人の関心も高いとは言えないが、世界史の上からは二〇世紀後半の、もっとも規模の大きな独立戦争と位置付けるべきなのである。

それだけではなく、このふたつの戦争が欧米の植民地政策崩壊の糸口になり、まさに歴史の転換点であった。

この戦争のあと、(旧) 列強も大規模植民地がすでに維持不可能となった事実を覚《さと》ったといえよう。

このような見地に立つと、フランスの明らかな情勢把握の失敗が、逆に時代が大きく変わったことを世に知らしめたとも思える。

インドシナ戦争、アルジェリア戦争の死者は、そのために死んだといえないだろうか。

こうなると独立側（ベトミン、アルジェリア民族解放戦線）の戦死者は多少なりとも浮かばれる反面、政府の判断の誤りによって、本国から遠い異境の地で死んだフランス兵（インドシナで三・二万名、アルジェリアで十数万名）は全くの無駄な死というべきだろう。

それだけに国家の指導者の肩には、重い責任がかかっているのである。

しかしながらそれから数十年の歳月が流れても、ベトナム、アルジェリアともに平和で豊かな国とはとうてい呼び得ない有様である。

前者は経済的に困窮し、後者では政党間の争いが続き、安定とは程遠い。

この実情を知ると、人間という動物は、自分たちが信じているより、ずっと種としての程度の低い生き物といった気持にさせられるのである。

●得られる教訓

はっきり言って大戦後のフランス政府の首脳は、完全に世界の潮流の変化を感じ取れていないままであった。

もはやアジア、アフリカにおいて、植民地とそれを統治する宗主国という形態が時代遅れとなっていながら、軍事力をもってそれを続けようとしたのである。

とくにアルジェリア独立戦争においては、対策をめぐり国論が二分し、国内の騒乱さえ勃発の可能性があった。

これは一にも二にも時代が変わりつつあるという現実を、見間違ったためである。

我々の生活、人生においても、それまで常識と考えられていたものが、大きく変わる事態が少なからず起こる。

つねにアンテナを張り巡らしてこの事実を読み取らないと、時代の潮流に置き去りにされ、敗北、失敗の憂き目は免れ得ない。

この意味から広義の情報収集、そして将来を見通す努力は、怠るべきではないのである。

6 戦場に島を選んだことの愚
――フォークランド紛争

南極に近く、連日寒風の吹き荒れるフォークランド／マルビナス諸島をめぐるイギリスとアルゼンチンの戦いでは、これまで一度として矛を交えたことのない両国が、三ヵ月にわたり死闘を繰り広げた。

戦いの形は、太平洋戦争中のガダルカナル島争奪戦に良く似ている。どちらの側にも有利、不利な部分があり、最初のうちの勝敗は不明であったが、最終的な勝利はイギリスが得ている。

第二次世界大戦の終了から今に至るまで、朝鮮、ベトナム、アフガニスタン、湾岸戦争に代表されるような幾多の激しい戦争が起こっている。

それらの戦場は、あるときは山岳、平原、森林、そして砂漠であったが、太平洋戦争に見られたごとく、大陸から遠く離れた島々を巡るものは皆無に近かった。

その唯一の例外ともいうべき紛争が、一九八二年の四月からの三ヵ月間にわたって続いた、いわゆるフォークランド／マルビナスの戦いである。

今回、このイギリスとアルゼンチンの領土紛争を記すにあたって、まず現地が南半球（南極に近い）であり、したがって四季が北半球と反対であることに留意していただきたい。

フォークランド諸島は約二〇〇の島からなっているが、そのほとんどは無人島である。人の住人でいるのは

東フォークランド島　面積六六〇〇平方キロ

西フォークランド島　面積四五〇〇平方キロ

で人口は合わせてもわずか二〇〇〇人。

もっとも家畜は羊七〇万頭、牛八〇〇〇頭に及んでおり、したがって産業はいうまでもなく牧畜である。

フォークランドは一六世紀の終わりにイギリス人デービスによって発見され、現在もイギリス領である。

しかし英本土から一万六〇〇〇キロも離れており、一方アルゼンチンから五五〇キロと近いこともあって、ア側は永年にわたり強く領有権を主張し続けてきた。

これが一九八二年になって、アルゼンチンの強引な侵攻となった。

なおここではアルゼンチン側の呼称マルビナスを使わず、現在はイギリス領であるからフォークランドと呼ぶことにする。

これまでも領有をめぐる話し合いは度々行なわれてきたが、イギリス側は常に強い態度を崩さず、ア側の不満は高まりつつあった。

そして前述のごとく同年の四月、つまり秋の訪れと共に当時の大統領ガルティエリは、実力による奪還という動きに出た。

この頃、アルゼンチンの政情は不安定で、ガルティエリとしては、このマルビナスの占領により国民の動揺を鎮め一致団結させようと考えたのかも知れない。

もちろんイギリスが黙っているはずはなかろうが、それでも彼とア軍首脳は、すぐにイギリスが実力を持って奪還する状況にはないと予想していた。

その理由としては

一、本国から島への距離の問題

前述のごとくア側五五〇キロ、イギリス一・六万キロ。

しかもイギリスは、フォークランドの近くの地域に基地を有していない

二、季節の問題

南極に近いだけに、秋の訪れとともに天候は一挙に悪化する。

これによりイギリス軍の来攻は半年後、つまり春、九月あるいは一〇月まであり得ない。

この間、ア軍は充分に迎撃態勢を整えることが出来る。

三、国連、アメリカによる仲裁

イギリス、アルゼンチンとも、いわゆる西側陣営の一員であり、国連もアメリカもこの紛

争を放置できず、必ず仲裁に乗り出してくる。

そうなればア側の主張を国際的にアピールできる
といったところではなかったか。

さて四月二日、アルゼンチン海軍は多くの艦艇にエスコートされた輸送船団を、東西フォークランド島に派遣、その後しばらくしてメネンデス将軍を司令官とする部隊を上陸させた。

第一陣は約一三〇〇人で、このとき島にいたイギリス兵は四〇名足らずであったから戦闘らしい戦闘のないまま、ふたつの島はアルゼンチンのものとなる。

ア側はすぐにいくつか野戦飛行場を整備し、多くの陣地を設けたのである。

飛行場には世界の航空史上でも大変珍しいターボプロップ攻撃機
FMA・IA-58プカラ
を合わせて五〇機駐留させた。

このプカラは、アルゼンチンが独力で開発した、対ゲリラ用の軽攻撃機であった。

このあと、アルゼンチン陸軍の兵士が一五五ミリ砲、対空ミサイルなどと共に続々と上陸、その総数は一万名となった。

ア陸軍の総兵力は約十二万名弱といわれていたから、この数は約一〇パーセントに当たる。

これから厳しい冬を迎えはするが、食糧、衣服に関するかぎり数十万頭の羊がいるから飢えや寒さを充分に防ぐことが出来よう。

多分、イギリス軍はやってくるであろうが、それは半年も先、しかも一・六万キロという

イギリス軍将兵を運ぶクイーン・エリザベス２世号

距離が彼らに対する補給を妨げてくれるはずである。

ところが、本国から遠く離れてはいるものの、自国領を占領されたイギリス政府と国民はすぐに行動を起こした。

二隻の軽航空母艦を中心とし、数十隻の艦艇、十数隻の輸送船からなる艦隊を編成し、早くも四月五日、フォークランドに向けて出港させたのである。

空母を伴った艦隊なので、機動部隊と呼ぶべきだが、その航空戦力はわずか四〇機のＶＴＯＬ戦闘攻撃機ハリアーに頼っていた。したがってアメリカ海軍の大型空母の約半分の攻撃力でしかない。

しかも、イギリス海軍は大型輸送船をもっていないため、豪華客船クイーン・エリザベス二世（六万七〇〇〇トン）、キャンベラ（四万四〇〇〇トン）を兵員の輸送に投入する有様であった。

また送り込まれるイギリス陸軍と海兵隊を合わせても七五〇〇名であり、一万名を揃えたアルゼンチン軍よりも兵力としてはかなり少ない。

昔からよく言われることだが、陣地をかまえて待ちうける敵軍を殲滅するには、約三倍の兵員が必要とされている。

激しい海空戦が一段落したあと、イギリス軍の上陸は五月一九日頃から開始された。どのような理由か不明だが、本来なら、圧倒的な兵力の差を利用して行なわれるはずのアルゼンチン軍の反撃は、ほとんどなかった。

幾度となく繰り返された砲撃戦はあったものの、イギリス海兵隊（主力は第三コマンド旅団）と陸軍（同第五歩兵旅団）はア軍を押しまくった。

シミター軽戦車を使って敵の陣地をつぶし、背後にはSAS（空軍特殊部隊）、SBS（海軍特殊部隊）を送り込んで脅威を与える。

さらにハリアー戦闘攻撃機を絶え間なく出撃させ、ア軍の拠点を叩く。

いくつかの重要な地域、例えば
サン・カルロス、スタンレー
フィッツロイ、サッパー高地
などでは戦闘が展開されているが、それでも他の戦争と比べたとき、〝激戦〟とは呼び得ない状況であった。

空母上のシー・ハリアー

そしてイギリス軍の上陸からわずか一週間後には、地上戦の行方が明確になったのである。以後、ア軍は後退を続け、間もなく首都ともいえるポート・スタンレーで全面的な降伏に至る。

これまでの戦死者は、海、空軍を含めて
イギリス側二五六名、アルゼンチン側六四五名
であった。

ア軍の戦死者の大半は、巡洋艦G・ベムグラーノがイギリス潜水艦によって撃沈されたときの記録された三六八名である。

この他、艦船の乗組員、飛行士の死者もあるので、陸上戦闘にかぎった戦死者は二四〇名程度であろうか。

とすると駐留する陸軍部隊の兵士の、わずか二・四パーセントということになる。

この数字を知れば、フォークランドをめぐる

陸上戦闘の規模があまり大きくなく、同時にア軍が早目に手を挙げてしまった事実がわかろう。

チャコ戦争（一九三二年～三五年、ボリビア対パラグアイ）を除けば、数世紀にわたって全く本格的な戦争を経験していない南米の軍隊は、百戦錬磨のイギリス軍の敵ではなかったようである。

また同時に、外部から完全に遮断された島を舞台に闘うことの愚、をアルゼンチン軍は理解していなかった。

少なからぬ犠牲を払いながらも、イギリス海軍はア側の航空攻撃を阻止しフォークランド島を封鎖することに成功していた。

保有していた唯一隻の巡洋艦を撃沈されたア海軍は、この封鎖を突破して島に増援を派遣することは不可能と悟ったのである。

結局、プカラの部隊が消滅したあと、陸軍は航空機の支援なしで、イギリス軍と闘わざるを得なかった。

ここでもアルゼンチン軍の不利は明らかであり、いわゆる〝じり貧〟（少しずつ貧乏あるいは欠乏の状況に陥っていくこと）に追い込まれたというしかない。

この状況になったとき、メネンデス将軍と兵士たちは、戦争はすでに敗北しつつあると感じとり、戦意を失ったのであろう。

そしてまた、それがまた二・四パーセントの戦死者が出ただけで降伏につながった。

両軍の損害

アルゼンチン側
人　員：戦死645名、負傷105名
艦　艇：巡洋艦1隻、潜水艦1隻、その他・沈没3隻、損傷2隻
航空機：117機
（戦闘損失のみで内訳は固定翼機107機、ヘリコプター10機）

イギリス側
人　員：戦死256名、負傷244名
艦　艇：駆逐艦2隻、フリゲート2隻、輸送艦1隻、大型コンテナ船1隻
航空機：戦闘損失24機、他の理由による損失12機
（固定翼機10機、ヘリコプター26機）

この面から、ア陸軍を非難するのは酷かも知れない。

しかしその一方で、充分な海軍力を持たないまま孤島で戦うことを選択したアルゼンチン首脳の責任は、当然追及されることになろう。

戦後しばらくしてガルティエリ大統領は失脚、七月にはビニョネ新政権の誕生をみる。

さらに外交面で強硬に政策を推し進めた同国の軍事政権も、消滅していくのである。

南極海からやってくる寒風が、二〇〇あまりの島々を支配する頃、ようやく戦火は止んだ。

降伏し捕虜となったアルゼンチン軍の兵士の数は、勝利した側を上まわっていたので、イギリス軍は困り果て、なるべく早くアルゼンチン本土へと送り届けることになった。

それにしても、ガルティエリ大統領と軍部

の目論見は完全な失敗に終わった。

両軍合せて一二五〇名の兵士が死傷、十一隻の軍艦と民間船が沈み、一四三機の航空機が失われた。

これが一年のほとんど寒風が吹き荒れ、羊ばかり多くて住民は二〇〇〇人しかいない小さな島々の争奪戦の結果である。

アルゼンチンにとって、この戦争は国際的な面子《めんつ》と共に持てる戦力（主として海・空軍の航空機）の多くを失うことになった。

一方、勝った側のイギリスも、多少の国威高揚という意味こそあったものの、失った人命、兵器は無視できなかった。

しかも大幅な国防費削減の中で、このあともそれなりの戦力を本国から遠く離れたこの地に貼り付けておかなくてはならない。

つまり、戦争がもたらした利益は全くなかったどころか、野党からはフォークランド諸島をア側に売却する提案さえなされる始末である。

これらの意味から、フォークランド戦争は、後世から見れば他の多くの戦争、紛争と同じく勃発する必要の無かった争いと言えそうなのであった。

●得られる教訓

アルゼンチン首脳は、この局地戦を想定するにあたって、二つの大きな重大な判断を誤った。

イギリスという国がまさか一万キロも離れたところから、機動部隊を送り込んできた事実、そして自軍（アルゼンチン軍）の戦力の逐次投入である。

ここから得られる教訓も、この二つに関連し戦いにあたっては敵、相手の戦意、闘争心を正確に読み取ること不幸にも戦わなくてはならないとしたら、もてる戦力を総動員することであろうか。

加えて、敵、相手が、戦うという事態に慣れているかどうかが問題である。

これは幾多の戦争を経験しているイギリスと、本格的な戦いをまったくせずに過ごしてきたアルゼンチンの、目に見えない戦力の差とも言えそうである。

7 アメリカ海軍も失敗する
——Mk6型魚雷をめぐる混乱

勝敗に関係なく、今次大戦において日本、ドイツ、イギリスとは異なり、アメリカは兵器開発という分野では大きな失敗を犯していない。

これは国家として極めて平凡ながら、安定した技術力を有していたから、と考えられる。

それでも緒戦において、ある兵器がほとんど使い物にならない、という失態もあった。

それは潜水艦、水上艦から発射される魚雷で、開戦から約半年、海軍はこれにより苦戦を強いられたのである。


太平洋戦争における空母機動部隊同士の大規模な戦いは

(一) 珊瑚海海戦　一九四二年五月
(二) ミッドウェー海戦　同年六月
(三) 南太平洋海戦　同年一〇月

（四）マリアナ沖海戦　一九四四年六月
（五）フィリピン沖海戦　同年一〇月

とわずか五回にすぎなかった。

この勝敗を簡単に分析してみると、
日本側の大敗　（二）、（四）

日本側優位の引き分け　（一）、（三）

そして（五）では戦力の差が大きすぎて、比較にならず、といえる。

さらにアメリカ側から見た場合、水上戦闘を例にとれば、昭和一七年八月初旬の第一次ソロモン海戦、それから三ヵ月後のルンガ沖夜戦だけが、完全な敗北である。

つまりアメリカ海軍が、太平洋戦争の諸海戦で大敗を喫した戦闘は非常に少ない。

ガダルカナルをめぐる戦闘が終わったのち、アメリカ海軍は全く負けを知らずに戦うことができた。

これは画期的な新兵器レーダーの存在ばかりでなく、戦略、戦術に柔軟性があったからとも言い得る。

このように〝失敗の少ない〟アメリカの海軍において、何か重大な誤りは生じなかったのであろうか。

もちろん誤謬《ごびゅう》が皆無ということは有り得ないが、それでもはっきりした実例を掲げよ、と問われると少々困る。

そこで、ここではあまり知られていないMk（マーク）6型魚雷の欠陥問題を取り上げよう。

この魚雷は一九三一年から配備された潜水艦用のもので、直径五三三ミリ、全長六・三メートル、重量一四五〇キロ、射程四〇〇〇メートル、炸薬量二九〇キロである。

のちにこのタイプはMk14と呼ばれることになるが、この呼び方については後述する。

さて開戦後、アメリカ潜水艦部隊は真珠湾の仇を討ち、また反撃の手がかりを作るべく必死の活動を開始する。

当時同海軍は一一一隻の潜水艦を保有していたが、太平洋方面に配備された航洋型は半分に満たない五一隻であった。

また開戦直後、フィリピンのキャビテ基地が日本海軍機の爆撃によって完全に破壊され、このとき二〇〇本以上の魚雷が失われている。

いってみればアメリカ潜水艦隊は、日本海軍のそれと比べて数で劣り、魚雷の不足に悩まされる状況に至る。

さらには、もっと重大な問題に直面し、その実力を大きく削られるのであった。

これこそ6型／14型（基本的には同じものである）魚雷の信管、あるいは撃発装置の欠陥であった。

これは信管（Fuse）ではなく、撃針（Piston）と呼ばれる。

戦争勃発から数ヵ月もたつと、アメリカ潜水艦隊は積極的に日本の船舶への攻撃を開始する。

この頃、日本海軍の戦力は絶頂期にあったので、軍艦との直接戦闘は避け、目標はもっぱら輸送船であった。

護衛艦の手薄な方向から接近し、速力が遅く、動きの鈍い輸送船に向け必殺の魚雷を発射する。

日本側のエスコートは対潜戦闘に慣れておらず、攻撃は見事に成功したかに見えた。

高速で水中を突進するＭｋ６型魚雷は、船の横腹に命中する。

しかし魚雷が全く爆発しないのである。

時には命中したさいのかん高い衝突音が、潜水艦にまで達することさえあった。

どう考えても、まともに当たっているはずなのに、輸送船はこれといった変化も見せず、そのまま走り去っていく。

潜水艦の艦内で、乗組員たちはただただ、顔を見合わせるばかりであった。

ともかく命中の条件としては最良の、船腹に対して直角に当っているにもかかわらず、不発なのである。

さらに魚雷によっては、目標のはるか手前で爆発するものさえ少なくなかった。

つまりアメリカ海軍の潜水艦用魚雷は、欠陥品だったのであった。

ある潜水艦は
。一三本発射してすべて命中以前に爆発

。八本発射したうちの六本が同じ
。四本発射したが、三本の行方が不明
。二本を発射して、共に命中したが不発
これらの魚雷には磁気作動、触発作動と二種の信管／撃発装置が組み込まれていたが、このどれも信頼性がゼロに等しかった。

この事実を潜水艦の艦長たちはすぐに海軍兵器局に報告したが、この部署の技術者たちは全く信じようとしない。

それどころか信管は充分にテスト済みであり、命中すれば必ず爆発するという回答が戻ってくるばかりであった。

このさいの兵器局の応対は非常に素気無いもので、潜水艦隊の指揮官、乗組員の怒りを買っている。

しかし事態は一向に進展しなかった。

それでは本当のところはどうだったのであろうか。

アメリカ潜水艦用魚雷が欠陥品だった事実は、なんと日本側が証明している。

当時にあって日本最大のタンカーであった第三図南丸（二二四〇〇トン）は、フィリピン沖合で三度にわたる雷撃を受けた。

このさい四本の魚雷が命中したが、そのすべてが不発であった。

それだけではなく、二本の魚雷はこのタンカーの鉄板を突き破り、船腹に突きささった状

第三図南丸

態で残っている。

つまり第三図南丸は舷側の魚雷をそのままにして、無事航海を続けたのであった。

ドッグ入りしたタンカーを見た日本人技術者は、さぞ驚いたに違いない。

なお余談になるが、この第三図南丸は戦争を生き貫き、戦後に至ると捕鯨母船として南氷洋に出向くことになる。

蛋白質が不足していた日本の人々にとって、この巨船は救いの神といえた。

それもまた、アメリカの欠陥魚雷に助けられたとは、なんという皮肉であろうか。

同船以外にも、この信頼性の低い信管をつけた魚雷に助けられた日本の商船、輸送船はかなりの数にのぼったはずである。

これが何隻かは不明だが、アメリカ潜水艦による昭和一七年中の日本の輸送船の沈没がきわめて少なかった背景にはこの事実があった。

加えて前述のキャビテ軍港における魚雷の大量損失が、

日本側にプラスに働いていた。

さて、これだけの事実が目の前に存在したにもかかわらず、米海軍の兵器局の担当部署は「欠陥は考えられない」の一点張りであった。

潜水艦長らは激高したが、このままでは事態は全く改善されない。

仕方なく、実戦部隊は彼ら自身で実験に取りかかった。

断崖が垂直に立ちはだかっている海岸線を探し出し、そこへ向けて潜水艦から魚雷を打ち込んでみたのである。

すると岩崩に直角に命中しても爆発しないものが、かなりの確率で出現した。かえってある特定の角度で衝突した方が、爆発し易いこともわかった。

このデータを兵器局に送ったあと、ようやく開発者、製造者はピストンの作動状態を見直すため重い腰を上げることになった。

日本と比較して、上層部への意見を具申するのが容易と思われるアメリカ海軍であっても、これだけの手間と時間を要している。

いうまでもなく用兵者、つまり兵器を駆使して闘っている者たちは、生命を賭し敵と向かい合っているのである。

一方、兵器開発のエンジニアは、よほどのことのないかぎり、直接戦場に赴く機会は少ない。

したがって前線の状況は第一線にいる者がもっともよくわかっていると思われるのだが、

民主主義の国アメリカの海軍でさえ、相当に頑迷であった。

このような例は必ずしも海軍の魚雷ばかりではなく、ベトナム戦争（一九六一～七五年）のさいにも存在する。

主力小銃であるM16ライフルに初期故障が頻発したにもかかわらず、アメリカ陸軍はその事実をかなり長期間にわたって認めようとはしなかったのである。

改善案であるクリーニング・キットの配布まで、実に一年半の歳月が費やされた。

よく知られているように、M1ガーランドおよびM14に代わって登場したM16自動小銃は、まさに画期的な兵器であった。

口径が七・六二ミリから五・五六ミリへと小さくなったものの、弾丸の飛翔速度が速くなり、命中率は変わらない。

しかも口径が小さくなったので、携行可能な弾薬の量は飛躍的に増加した。

反面、前線に配備されはじめると、非常に繊細であり、そのため故障、とくに少しでも銃身が汚れると弾詰り／ジャムを引き起こす。

この報告は何回となく陸軍兵器局に届けられたが、担当者は全く動こうとしなかった。

改善に取り組んだのは、軍事分野に詳しい上院議員が議会でこの問題について質問したあとである。

海軍、陸軍を問わず、アメリカ軍の内部にも頭脳が硬直している部署があるらしい。

もっとも魚雷の信管／撃発装置については、日本海軍、ドイツ海軍もあまり大きな口を叩けない事実がある。

まず前者であるが、水上艦から発射される大型魚雷の信管が鋭敏すぎて、航走中に自爆する例が多々見られた。

昭和一七年春のスラバヤ沖海戦では、約一五パーセントの魚雷が勝手に爆発してしまっている。

多くの資料では波の衝撃によるとなっているが、水面下数メートルを進む魚雷が波浪の影響を受けるとはとうてい思えない。

なにか他の原因があったのではないだろうか。

一方、ドイツ海軍のUボート用魚雷については、アメリカの6型と同様に、敵艦に命中しても爆発しない例が多数報告されている。

U47を指揮するエースでもあったプリーン艦長が、この件で海軍兵器局に怒鳴り込んだ話は広く知られている。

彼は『実戦において木銃《もくじゅう》(訓練用の木製の小銃)で戦争をさせられてはたまらない』と、強く主張したのであった。

ともかく、魚雷はもちろん砲弾、爆弾の類に関しても、その信管には多くの障害があった。

全くの推測だが、実戦においては五〜一〇パーセントが爆発しないと考えてもよいのではなかろうか。

これはどこの国の軍隊でも、さほど変わらないと思う。

問題はこの状況が報告されたあとの対策である。

開発者はもちろん、上級者が真摯に兵士の意見に耳を傾け、ただちに再テストを実施すればよい。

ところが意見を無視し、対策をとらないとなると、まさに自国の軍人の生死にかかわる。

このアメリカ海軍の魚雷の場合、もっとも悪い例となってしまった。

繰り返すが、戦争が継続中にもかかわらず前線で闘う人々の切実な声を取り上げず、テストなどいっさいしないままであった。

自己の技術に自信を持っていたといえば聞こえはよいが、実質的に欠陥兵器に近かった。

日本の軍上層部の頑迷さは広く伝わっているが、アメリカではそのようなことはないと思いがちである。

しかしこの6型魚雷の例から、どこの国にも自分の技術を過信し、他の人の意見を聴こうとしない人々の存在が知れるのであった。

注・本文中の魚雷の呼称について、これまで日本ではマーク14型と伝えられてきた。

ところがアメリカではマーク6型とされている。

このどちらが正しいのか、また呼称がなぜ途中から変更されたのか、手元の資料から判然としない。

そのためスラッシュを用いて併記したが、いつか専門家にご教授いただきたいと思っている。

●得られる教訓

一九一四〜一八年の第一次世界大戦において、大量に使用されていながら二〇年後の今次大戦において、魚雷という兵器を巡る失敗は列挙に暇がない。

しかももっと高い技術力を誇るアメリカ海軍にあって、これはいったいどのような理由からであろうか。

最大のものは、第一次大戦で、イギリス、ドイツ海軍と異なり、アメリカ海軍は魚雷という兵器を投入するような戦いを経験しなかったことが挙げられる。

そのため開発から実用試験、実戦配備に関し、気の緩みのようなものが存在したのではあるまいか。

兵器にかぎらず、あらゆる技術に関して同じような例が現代についても現われる。

最先端を行っているはずの航空機、コンピュータソフトでも同様である。

数年前に勃発したボーイング737MAX旅客機の連続した大事故も、同じ範疇《はんちゅう》であると考えられる。

ここから得られる教訓は、やはり〝常に気を抜かない〟という俗な表現に尽きるのではあるまいか。

8 〝記念日の総攻撃〟が大損害を招く

――台湾海峡・古寧頭の戦い

洋の東西を問わず、人々は〝記念日〟が大好きである。

特に軍人は、かつての戦いの勝利を記念する日を大切にする。

このことは一概に悪いとは言えないのだが、戦争の最中にその日に拘ると、物事はマイナスの方向に進んでしまうことが多い。

○○記念日を期して総攻撃を決行、○○記念日までに敵の要塞を奪取などとする作戦が多いが、これは決して良いこととは言えない。

戦っている相手も当然それを予測して対処するから、記念日をもって総攻撃など百害あって一利なしなのである。

すでに忘れられているような気がするが、第二次大戦の終了まで日本の軍部は自軍の記念日を非常に重要と考え、それなりのイベント実施していた。

。陸軍記念日　三月一〇日

日露戦争中の明治三八年（一九〇五）三月、日本陸軍とロシア陸軍は中国北部の奉天（現瀋陽）郊外で一大決戦を戦った。

日本軍一八万、ロシア軍二三万という膨大な戦力が真っ向からぶつかりあい、数日間に及ぶ激闘ののち、ロ軍は戦場から撤退する。

死傷者の数はそれぞれ四万名で大差はなかったものの、敵軍は退却したのだから、間違いなく日本軍の勝利であった。

これは「奉天会戦」と呼ばれ、この勝利の日である三月一〇日を『陸軍記念日』としている。

。海軍記念日　五月二十七日

同じ年の五月下旬、日本海軍の連合艦隊は、はるばるバルト海からやってきたロシア艦隊を対馬海峡で迎撃する。

戦艦の数から見ればロシア側が有利であったが、地の利、兵員の練度では日本艦隊が圧倒的で、わずか丸一日の海戦で勝利を得る。

奉天の戦いとは異なり、ロシアのバルチック艦隊は壊滅に近い損害を記録した。

これに対して日本側のそれは、わずか三隻の小艇のみであった。

この海戦は「日本海海戦」と呼ばれ、この第一日目の五月二七日が〝海軍記念日〟として正式に認められた。

それから三〇数年後、太平洋戦争の終わりまで、前述のごとく陸海軍ともこれを重要視していた。

戦争中、陸軍については、陸軍記念日ばかりではなく
天長節／天皇誕生日
紀元節／神武天皇即位の日　二月十一日
四方拝／元日に行なわれる宮廷行事
明治節／明治天皇の誕生日　十一月三日
などを多くの作戦の発動日としたことが知られている。
つまり作戦の開始日、総攻撃の日、あるいは敵の拠点を陥落させる予定日とする、などである。

このよう取り決めは、現在では考えられないほど厳密なものであった。
しかし、一方、相手のアメリカ軍は、これを察知し迎撃体勢を固めた。
敵の攻撃の予定があらかじめわかれば、その対策は容易である。
いくつかの例を挙げて日本軍のこの種の失敗を取り上げたいが、ここではより大規模な「記念日」にこだわった大敗北を明らかにしておきたい。

太平洋戦争が日本の降伏によって幕を降した直後から、中国大陸では左右両派の勢力争いが本格化する。

これは左派　共産党軍（紅軍）
右派　国民政府軍（国府軍）
との、いわゆる国共内戦である。

この戦いは実際には昭和の初めから延々と続いてはいたが、その一方で日本の中国派遣軍に対してはそれぞれ個別に戦っていた。

このあたりの様相はかなり複雑であって、時には協力して日本軍に歯向かうこともあった。

国共内戦はそのうち激化し、

◦国府軍はアメリカの援助を受け、近代兵器を多数装備する正規軍
◦共産軍は多少ともソ連からの支持を得ていたものの、装備は貧弱でゲリラ部隊に依存

となっていた。

兵員数から見ても前者は三〇〇万名、後者は一二〇万名と不利であった。

しかし上層部に腐敗の蔓延していた国府軍とは違って、共産軍の規律は厳正、したがって民衆はこちらの側につくことになる。

これにより状況は次第に好転していき、遼瀋《りょうしん》、淮海《わいかい》、平津《へいしん》（いずれも一九四七年）の三大戦役における勝利もあって、共産軍は支配地域を確実に拡大していった。

そしてついに蒋介石を首班とする国民党は、台湾へ脱出するのであった。

近代兵器を有する軍隊が、ゲリラ戦を得意とする組織に敗れた典型的な例といえる。

国府軍の残存勢力は一九五二年の中頃まで散発的な抵抗を続けはするが、共産党とその軍

隊の力はこれによって削がれることはなかった。

その一方で共産党軍の指導者たちは、新しい中国の建国に向けて努力を怠らなかった。

このようにして新生中国は、中華人民共和国として一九四九年一〇月一日誕生するのであった。

しかしながら本稿の主題となる失敗は、その直後に発生する。

この年の秋の訪れと共に、共産党軍首脳は、独立から二ヵ月以内を目途になにか記念的な大勝利を得て、独立に花を添えたいと考えた。

ここで浮上したのが、中国大陸の沿岸に位置し、いまだに国府軍の手中にある金門島である。

この島は福建省の大都市厦門《アモイ》の対岸にあって、面積は一三二平方キロ、人口三万二〇〇〇人（一九五五年）となっている。

島内の最高点は太武山で標高は二五三メートル、地形は長い砂浜、そして入り組んだ低い丘が特徴であった。

また軍事的に見れば、台湾本島以外では国府軍最大の拠点といえる。

この金門島を独立に合わせて占領すれば、世界に中国共産党とその軍隊の力を誇示することが出来よう。

一〇月一日、党と軍の首脳はこの決定を行ない、なんとしても十一月三〇日までに島を手中に収めるべく準備に着手した。

ところが、それまでの国共内戦は陸上戦闘ばかりであって、共産軍には満足な上陸用舟艇も、また敵前上陸の経験もない。

たしかに中国本土と金門島の距離はわずかに一〇キロ前後で目と鼻の先ではあるが、海を渡ることには変わりなく、この点が大問題といえた。

考えてみれば、中国大陸の覇権はすでに掌握しており、なにも急いで金門島を奪取する必要など全くなかった。

その上、国府軍がこの島にどれだけの兵力を配備し、どのような防御体勢をとっているのかも不明のままである。

しかし民主主義国の軍隊と異なり、一党独裁の国において〝命令は絶対〟であった。

『手段はどうであれ、一〇月三〇日までに金門島を占領せよ』。

こうと決まれば、共産軍は命令を実行する以外に道はなかった。

そしてすぐさま、上陸に必要な船を集めるための作業が始められた。

ところが前述のごとく、あまりに慌ただしく実施が決定されたため、準備段階から大混乱となった。

ともかく軍艦はおろか本格的な上陸用舟艇など皆無、集められたのは漁船、機帆船、手漕ぎのボートなどである。

唯一、軍艦に分類できるものは、旧日本海軍の二五トン砲艇（公称一一六四型）数隻で、これらは一三ミリ機関銃四門、迫撃砲二門を装備していた。

日本の25トン砲艇

そして一〇月二五日、中国軍第三野戦軍一万七〇〇〇名が、七〇〇隻の雑多な船を使用して金門島西岸の古寧頭への上陸を敢行する。

これに対して国府軍の守備隊は、わざと敵軍の上陸を許し、その後反撃の機会をうかがっていた。

当時、この島にいた国府軍第一八軍は、正規三個師団三・五万人に達していたのである。

つまり攻める側三倍の法則どころか、守る側が二倍の戦力を有し、待ちかまえていたのであった。

さらに国府軍は、あらかじめ敵がいつ、どの程度の兵力で、どの地点に上陸してくるのかといった情報を把握、綿密な反撃計画まで練り上げていたようである。

敵軍が自軍の半分の兵力なら、水際で撃退するよりも上陸させてから一気に叩こうという計画であった。

たしかにこの方が、相手に大きな損害を強要することが出来る。

古寧頭の戦いの主役、M3/5スチュアート戦車

そして上陸二日目、国府軍の大口径砲が一斉に火を吹き、総反撃がはじまった。

一・七万名の共産軍に対し、予備兵力五〇〇〇名を残した三万名が突進、M3、M5スチュワート軽戦車まで投入、休みなく攻め続けたのである。

前日の楽な戦いに油断していた上陸軍は、この攻撃に対し慌てながらも必死に対抗する。

古寧頭の浜辺は、硝煙と血で満たされるごときの激戦であった。

しかし戦闘の勝敗は最初から明らかといえた。

圧倒的な兵力が待ちかまえており、しかも戦車、重砲を使用できる防衛側。

他方、まさに背水の陣であり、機関銃、迫撃砲程度しか持たない攻撃側。

それでも共産側は丸一日持ちこたえたが、その奮闘も虚しかった。

上陸から五〇時間もたつと、共産軍の弾薬も尽き、しかも海軍、空軍が皆無に近い状態であるため支援もできない。

一〇月二八日が終わろうとする頃には、戦いは幕を閉じ、共産軍の戦死者八〇〇〇名、捕虜七〇〇〇名、なんとか中国本土に戻れた兵士は二〇〇〇名にすぎなかった。

しかしながらあらゆる面で不利だった共産側も善戦したようで、国府軍に戦死二五〇〇名、負傷三三〇〇名の損害を与えている。

さらに第一八軍第七師団の師団長長李光前少将を、戦死させたのであった。

このようにして、国府／台湾側が『古寧頭大戦』とのちに呼ぶことになる大戦闘は終わりを告げる。

度々述べているごとく、中国共産党としては、これほど大きな犠牲を出してまで金門島を占領する必要は全くなかった。

◦軍事的な必要性もなく
◦完全に準備不足のまま
◦大兵力を投入しての失敗の原因は、一にも二にも独立に花を添えたいという政府、軍部の建前のみである。

これによって永い間、つまり日本軍と一五年間、国府軍と三年間戦って休むことのなかった兵士八〇〇〇名が無駄に命を落とした。

もちろん、当時の首席であった毛沢東をはじめ、彭徳懐《ほうとくかい》、林彪《りんぴょう》といった指導者たちはなんの責任も問われなかった。

ともかくこれだけの大作戦を二ヵ月足らずで準備し、決行するのは最初から無理という他ない。

しかも事前に敵側の情報を綿密に調べた、という痕跡も全く見当たらないのである。

中国共産党の幹部は皆、優れた政治家であり、天性の軍事的才能を持っていたように思える。

だからこそ大陸の戦いでは、戦力的にずっと強力なはずの国府軍を、容易に打ち破ることが出来た。

その事実は、誰が何と言おうと認めなくてはならない。

しかしながら内戦の勝利が決定的になった時点で、これだけの失敗をするのである。

加えてこのあと、巨大国家中国の運営については、信じられないほどの失政、失敗を繰り返す。

それらは大躍進/土法高炉運動一九五八年や、文化大革命一九六五年〜などであり、このどちらのさいにも太平洋戦争のわが国の犠牲者を上まわる数の人々が、意味なく生命を失っている。

話がだいぶ脇道にそれた感もあるが、生涯を通じて、人々を正しい道に導く指導者など存在しないという事実の証明であろうか。

このような見方に立つと、独立の祝い事として計画された金門島占領作戦こそが、中国首脳陣の大失敗の魁《さきがけ》だった状況がわかる。

少々不謹慎な表現だが、「だからこそ、歴史は面白い」と言えるのであった。

●得られる教訓

ここで述べている事例は、平時に暮らす我々にとって、あまり関心があるわけではない。しかし教訓として重要なのは、慣行、恒例となっている全ての事柄をそのまま受け入れることが、良いか悪いか自身で判断するだけの自分を持ち続けることなのである。

さらに古くからの常識自体も、見直せるだけの知識が、とくにオピニオンリーダーを目指すなら必須と言えよう。

我々の周囲を見渡すと、是正、修正、改良する必要のある事柄、制度、技術などは無数に存在するのである。

9 楽観、楽観、また楽観
――ベトナム戦争のアメリカ情報部

間違いなく世界最大、最強の情報収集・分析機関であるアメリカの中央情報局CIA。

しかしこの組織も一九六〇～七〇年代に続いたインドシナ半島におけるベトナム戦争では、多くの明らかな誤りを犯す。

解放戦線、北ベトナム軍の戦力、行動力の分析が甘く、最終的にアメリカ軍はこの地から撤退を余儀なくされる。

またいくつかの大戦闘の経過と結果についても、過剰とも思える楽観論を繰り広げ、これが命取りになってしまった。

ここではこの巨大組織CIAの失敗を検討したい。

一五年にわたって続き、二四〇～四〇〇〇万人が命を失ったベトナム戦争の終結から、すでに五〇年近くの歳月が流れた。

しかしこの戦争は、現在でも超大国として世界に君臨しているアメリカが敗北した唯一の戦争であるだけに、人々の関心はいまだに色濃く残っている。

またベトナム（旧北ベトナム）政権が当時の資料を少しずつ明らかにし、加えて厳重な秘密のヴェールに隠したままであったホー・チミンルートさえ、観光客に公開しつつある。

さて、南ベトナム、そしてタイに五〇万名以上の兵員を送り込み、B－52大型爆撃機をはじめとする近代兵器を駆使し、それでもアメリカが敗れ去った理由をどこに求めるべきなのであろうか。

このテーマに関しては多くの単行本、評論が世に出ているが、ここでは当事者であるアメリカ軍の情報分析ついて〝分析〟してみたい。

在南ベトナムのアメリカ軍の情報収集と分析に関しては、配下に多数の組織を有するふたつの機関が担当していた。

。ＣＩＡ　アメリカ中央情報局

The Central Intelligence Agency

。ＪＰＡＯ　軍情報部（当時）

Joint United States Public Affairs Office of Intelligence

前者は現在でも存在し、それなりの活躍に対する評価も、また高き悪名をも合わせもっている。

またＪＰＡＯの方は、いまなお組織自体も明確ではなく、ベトナム駐留アメリカ五軍（陸軍、海軍、空軍、海兵隊、沿岸警備隊）の情報収集、分析、連絡を総合する機関であったと推測される。

より具体的にはＣＩＡは政府直属、ＪＰＡＯは軍を代表する形と見れば大きな間違いはないはずである。

このふたつの組織の目的は全く同じであることから、本来協力しなければならなかった。ところが現実は、たびたび角《つの》を突き合わせ、権限を争う場面が多かった。

またアメリカ大統領及び政府、政府高官は、どちらかといえばＣＩＡの情報を重視したようである。

この理由もまたいくつか挙げられるが、最大のそれはＣＩＡという組織がもともと軍よりも政治家に近い位置にあったからであろう。

そしてまたベトナム戦争に関して中央情報局の分析は、最初から最後まで、一貫して楽観論そのものであった。

これが、戦争を遂行するアメリカ政府の判断を誤らせた最大の理由のひとつと思われる。

それでは早速、いくつかの実例を掲げるとしよう。

一、テト攻勢を予測できず

一九六七年の秋から翌年の初めにかけて、ジョンソン大統領、バンカー駐ベトナム大使らは競うようにして国民に向けて楽観論を発表した。

『ベトナムにおける戦争は勝利に近づきつつある』

といった共通認識が広くマスコミを通じて流され、アメリカ国民はもちろん、一部を除く世界の人々もこれを信じたのであった。

しかし一九六八年一月三〇日（旧正月・テト）を期して、共産側（北ベトナム軍　解放戦線NLF）は大攻撃に出る。

南ベトナム領内の七五パーセントの省（日本の県に相等）、そして首都サイゴン（現ホー・チミン市）までこの攻撃（テト攻勢）にさらされる有様であった。

とくにNLFの決死隊によって、自国の大使館が占拠され、その模様がテレビを通じて世界に流されたことは、先の発表を信じていたアメリカ国民にとって最大の衝撃となった。

CIA、JPAO共に全くこの共産側の動きを事前に察知できず、まんまと『テト攻勢』の名を歴史に刻ませる誤りをおかしたのである。

それでも二週間後、アメリカ軍は全力を傾注し、敵の攻撃をおさえこむことに成功した。

事実、この大戦闘の人的損害（死傷者、捕虜など）は共産側五万名、南ベトナム軍一・一万名、アメリカ軍二〇〇〇名と、攻撃を仕掛けた側に多かったのだが、一方で世界は自由主戦陣営側の敗北と見た。

二、ベトナム化への過信

一九六九年一月、大統領に就任したニクソンは、アメリカ軍の撤退と共に『ベトナム化』

AH−1 攻撃ヘリコプター

と呼ばれる政策を発表する。

当時にあって、南ベトナムの自由主戦陣営軍は

。南ベトナム政府軍
。アメリカ軍
。韓国、オーストラリア、タイ軍など

の三本の柱から成りたっていたが、南政府軍の戦力を強化し、これにすべてを任せようとするのが『ベトナム化』である。

すでにアメリカ国内では若者を中心に、嫌戦、反戦運動が異常な高まりを見せつつあったことも背景としてあるにはある。

しかしそれでもCIAは、充分な武器援助さえ実施すれば、南ベトナム軍を、北ベトナム軍ならびに解放戦線軍に対抗可能なまでに強化でき得ると信じ切っていた。

このためF－5ジェット戦闘機、M48中戦車、AH－1攻撃ヘリコプターなどが大量に供与され、南ベトナム軍の戦力は外部から見るかぎりたしかに増大したように感じられた。

ところが軍内部の腐敗はもちろん、士気の低下は一向に改善されず、戦力は実質的にほとんど変わらなかったという他はない。

この『ベトナム化』の試金石となったのが、一九七一年一月のラムソン719作戦である。

これは最強の南軍部隊のほとんどすべてを投入して、国境を接するラオス領内の共産軍拠点を叩こうというものであった。

アメリカ軍は全く地上部隊を参加させず、もっぱらヘリコプターによる輸送、空爆を担当した。

南ベトナム第一軍団、海兵隊といった精強部隊が中心となって実地された大作戦は、初期こそ順調に進展していく。

しかし開始一週間を過ぎたあたりから、北ベトナム正規軍の猛烈な反撃が開始された。

北軍は大量の対空火器と共に、戦車部隊まで動員、重砲を持たないまま侵攻した南軍に痛打を浴びせたのである。

南ベトナム軍は間もなく撤退を余儀なくされ、自国の領内に追い返された。

しかもその損害は莫大なものとなり、再建のためには多くの時間を必要としたのである。

ここでも
『充分な数の最新兵器を与えれば、南軍は北の正規軍にも対応できる』

と考えたＣＩＡの楽観的思惑は、完全に瓦解したのであった。

このラオス侵攻作戦によって大損害を受けたのはたんに南ベトナム軍のみではなく、輸送を担当したアメリカ陸軍もまた同様であった。

七八〇機も投入されたヘリコプターのうち、実に二〇〇機近くが撃墜あるいは損傷を受けてしまったのである。

三、最終局面における情勢判断の誤り

一九七五年に入るとすぐに、北ベトナムはいくつかの攻勢を仕掛けてきた。

これはパリ和平条約によって撤退したアメリカが、再度南への支援に踏み切るかどうか見極めるためであった。

間もなく再介入はない、と判断した北首脳は、南の中部高原地帯で圧力を強める。

まず地方都市バンメトートを包囲、続いてプレイク周辺に陽動作戦を展開、機を見て南ベトナムを中央で分断すべく動き出していた。

この時点でCIAとJPAOの情報分析と見解は、見事なまでに混乱しアメリカ政府は困惑を深めることとなる。

まずCIAは

「南ベトナム軍は最新の兵器を大量に保有し、兵員数でも共産側の三倍近い。したがってあと数年、戦局に大きな変化はない」

と報告した。

F−5ジェット戦闘機

一方、軍情報部JPAOは
「士気、戦略、戦術をはじめ、多くの点で共産側は南軍を圧倒している。南政権の崩壊は時間の問題である」

と判断していたのであった。

結局、現実の事態はJPAOの分析さえ上まわる速さで進む。

バンメトート、プレイクが陥落すると、南ベトナム軍は算を乱して全面退却となった。
・日本の京都にあたる古都フエ
・南最大の軍事拠点ダナン
も、一ヵ月もしないうちに北ベトナム軍の手に陥ち、とくに後者では二〇〇機以上の軍用機、五〇〇台の戦闘車両、三万トンを超える軍需物資が無傷のまま北軍のものとなったのである。

このうちF－5戦闘機については、すぐさま飛行訓練が開始され、のちにはサイゴン爆撃に使用されている。

そして南の首都サイゴンの運命も定まったかに見えた。

ところが事ここに至るも、ＣＩＡはまだまだ南軍は反撃可能と分析していたようである。当時の北ベトナム軍の勢いを知れば、南の全面崩壊など誰の目にも明らかであったのに、専門家を集めたＣＩＡだけが楽観論を述べていた。

同じ頃、隣国カンボジアにおいても共産側の大攻勢がはじまっており、ここでもＣＩＡの情報分析の誤りがはっきりした形であらわれている。

この後の状況は悲惨をきわめた。

アメリカ政府がＣＩＡの分析を信じていたため、在ベトナムアメリカ人、南政府関係者とその家族の脱出が遅れに遅れてしまったのである。

サイゴン市中心部から陸路タンソンニュット空港あるいはサイゴン港に行き着くことさえ出来ず、命からがら大使館の屋上からヘリコプターで沖合の空母に移乗する有様であった。

それでも多くの人々が置き去りにされ、侵攻してきた北ベトナム軍に逮捕される事態になってしまった。

南政府、軍がサイゴンの防衛を放棄したため、北軍の無血入城となったことが、このさい唯一の救いといえるだろう。

さて、これまで見てきたとおりベトナム戦争の全期間にわたって、ＣＩＡの分析は決して世界最大の情報機関の名に相応しいものではなかった。

充分とはとうてい言えないが、ＪＰＡＯに代表されるアメリカ軍の情報機関の方が正確度は高かった。

緒戦における解放戦線の軍事力の分析からはじまり、一〇数年後の北の大攻勢まで、なぜCIAはこれほどの判断ミスを繰り返したのか。

この疑問に対する答は、今に至るも明確ではない。

なにしろ、アメリカという国自体が、最終的に敗北に終わったベトナム戦争を、意識的に忘れようとしているからである。

またCIAのみではなく、大統領も軍上層部もこの戦争では多くの失敗、判断の誤りを経験しているから、中央情報部の過剰とも言える楽観論を鋭く追求できないという事実もある。

これを前提に、独断でこれを分析してみると、次のような推測が浮上する。

「多くの国々、組織、個人と同様に、人は皆自分に不利な、また聞きたくない情報は聞こうとしない傾向にある」

つまり快く響く事柄だけを聞きたいということなのであろう。

このため、例え真実であっても、それを受け入れ、対策をとろうとはしないのである。

現地南ベトナムにおいて、政府直属のCIAと、実際に戦っている軍の上層部との間になんらかの軋轢《あつれき》が存在した可能性があったものと考えられる。

CIA、JPAOは本来協力して情報の収集、分析に当たるべきであったが、互いの競争心のみ増大し、これが障害となった。

ベトナム戦争のさいのアメリカだけでなく、どの戦争の当事者であっても、楽観論、あるいは自己の都合の良いように解釈する傾向は厳然として存在する。

それは前述のごとく、自分の耳に快く入ってくるからである。

ここから一歩踏み込んで、第三者の立場になりかわって情報の分析、そしてその対策に取り組めばよいことは重々わかっていながら、なかなか難しいと言わざるを得ない。

しかし現実に実践できるかどうかは別にして、個人の生活においてもこの教訓を忘れるべきではないと思うのだが…。

●得られる教訓

莫大な予算、豊富な人員、最新の情報収集技術をもってしても、正確な現実の状況を把握できなかった理由はどこに求めるべきであろうか。

これはやはりすべての組織、個人がもつ〝身びいき〟という感情に拠るのであろう。

昔から言われていることだが、人間という生き物は「自分の信じたいように信じ、（たとえそれが真実であることがわかっていても）、信じたくない状況は信じようとしない」のである。

残念ながらいつの時代にも、これが失敗、あるいは敗北の根本的な原因となることが多い。

なにごとかに計画、着手、決断するさいには、精神的に苦しいことではあるが、真実に目を向けて、それから実行に移すことが重要である。

10 緒戦の勝利は幻か

——日本海軍航空部隊の凋落

驚異的な技量をもって、緒戦において大戦果を記録した日本海軍の航空部隊だが、ガダルカナル戦のあたりから急激に力を失っていった。

その最大の原因は、搭乗員の層の薄さにあった。これは戦闘機部隊はもちろん、中型攻撃機、艦上攻撃機、艦上爆撃機のすべての部隊に当てはまる。

日本海軍の航空部隊の技量は、太平洋戦争勃発の時点に限れば、疑いもなく世界最高の水準にあった。

空中戦で無敵を誇った零戦隊は当然ながら、

九七式艦上攻撃機（九七艦攻）

九九式艦上爆撃機（九九艦爆）

九六式陸上攻撃機（九六陸攻）

一式陸上攻撃機（一式陸攻）

のそれぞれの部隊は〝最強〟の名にふさわしい。

真珠湾攻撃は言うに及ばず、その直後のマレー沖海空戦、インド洋におけるイギリス艦隊との戦闘と、どれをとっても自軍の損害は僅少のうちに大戦果を挙げている。

まず九九艦爆隊から、その具体例を見ていくことにしよう。

一九四二（昭和一七）年四月三日から八日間、日本海軍第一航空艦隊は、イギリス艦隊を求めてインド洋に進出する。

そして四月五日午後、航空母艦赤城、飛龍、蒼龍から発進した五二機の九九艦爆隊が、二隻のイギリス重巡洋艦に襲いかかった。

当日は晴天、海上は平穏であったからコーンウォール、ドーセットシャーは全速力でこの攻撃を回避しようとした。

たぶん、この二隻は三〇ノット（五六キロ／時）を超す速度で、激しく動きまわったことであろう。

当然、対空火器も全ての砲門を開いたはずである。

しかしながら五二機の九九艦爆は、確実に目標をとらえ、急降下爆撃を実施した。

攻撃開始からわずか二〇分後、英重巡は共に波間に姿を消すが、これは両艦に合わせて四六発の二五〇キロ爆弾が命中したからである。

一万トン前後の排水量を持つ重巡洋艦は命中個所にもよるが、五発程度の二五〇キロ爆弾には耐えられるはずである。

レプリカながら現役で飛行可能な九九式艦上爆撃機

しかし、短時間に二〇発も命中させられれば、とうてい生き残ることはできない。

五二発中の四六発！　命中率は八八・五パーセントという信じられないものであった。

この九九艦爆隊の爆撃技術が、決してたんなる幸運でないことが、それから一週間とたたないうちに証明される。

イギリスの小型空母ハーミズへの攻撃が四月九日に行なわれたが、これに参加したのは赤城一七、飛龍一八、蒼龍一八、翔鶴一八、瑞鶴一四機の各艦爆であった。

合わせて八五機の艦上爆撃機中四五機が投弾、空母への命中は三七発（八二・二パーセント）で、これまた驚くべき数値という他ない。

空母を攻撃しなかった他の四〇機は、付近を航行中の駆逐艦一、輸送船二隻を簡単に撃沈している。

まさに神技に近い技量を世界に見せつけたの

であった。
次に時間的には前後するが、開戦直後の一二月一〇日のマレー沖海空戦の状況に移る。
これはよく知られているように、
戦艦プリンス・オブ・ウェールズ
巡洋戦艦レパルス
に対する、日本海軍陸攻隊の攻撃である。
この戦いこそ、海上の王者として君臨していた戦艦と、華々しく登場した航空機との優劣を決定するものであったが、結果は前者の徹底的な敗北に終わる。
。合わせて八三機を投入し
。投下魚雷数五〇本・命中一一本／命中率二二パーセント
。投下爆弾数一九発・命中二発／命中率一〇・五パーセント
であったと思われる。
（注・投下爆弾は五〇〇キロ一三発、二五〇キロ六発）
ここでは爆撃のみに注目する。
この海空戦も晴天、海上平穏な状況下で行なわれたから、二隻の戦艦は最高速力で走りまわり、強力な対空火器で応戦したことは間違いない。
それにもかかわらず、水平爆撃の一〇・五パーセントは充分に評価できる数値である。
広大な海面を高速で疾駆する軍艦に対し、水平爆撃で爆弾を命中させるのは、もともと至

難の技なのである。

開戦時の日本海軍航空部隊は、これだけ高い技量を有していたのであった。

しかしその後、事態は信じられないほどの低下となってあらわれる。

昭和一八年三月、日本軍の側から見て太平洋戦争中もっとも悲惨な海空戦が勃発する。

ニューギニアの戦いのために派遣される陸軍部隊を満載した日本軍の輸送船団が、アメリカ陸軍機、オーストラリア空軍機百数十機に襲われた〝ダンピール海峡の戦い〟である。

八隻の輸送船をエスコートするため、八隻の駆逐艦、数十機の戦闘機（零戦と陸軍の一式戦隼）が出動した。

しかし、敵機は高空からの水平爆撃、超低空の反跳爆撃（スキップ・ボミング）を併用し、最終的に輸送船のすべてと、駆逐艦四隻を撃沈してしまった。

日本側の戦死者は四〇〇〇名前後にのぼったが、他方、米豪軍はわずかに六機の航空機を失っただけであった。

しかし、本稿の主題はこの悲劇的な戦いにあるのではない。

戦闘二日目、航空攻撃によって大損傷を受けた駆逐艦時津風は、航行不能のまま戦場となった海面を漂流していた。

乗組員はすでに退去していて、無人のままであった。

敵の占領地帯から数十キロしか離れていないので、このまま放置すれば捕獲される可能性が高いと考えられた。

そこで味方の手で沈めてしまう決断がなされ、零戦一三機に護衛された九九艦爆九機が爆撃に向かう。

うまい具合に、上空に敵機の影は見えず、波、風もなく理想的な状況であった。

零戦隊が厳重に警戒するなか、九九艦爆は低空に舞い降り次々と投弾する。

ところが、九発の二五〇キロ爆弾は、ただの一発も駆逐艦に命中しなかった。

当然のことながら、目標は停止しており、対空砲火、敵戦闘機の反撃はない。

しかもこれまた天候も良く、つまり爆撃の障害となるものは皆無。

それにもかかわらず命中弾ゼロとは……。

決して艦上爆撃機の搭乗員を責めるわけではないが、事実は事実として残るのであった。

なお漂流中の時津風は、この日の午後、敵航空機の攻撃によって簡単に沈められてしまっている。

アメリカ、オーストラリア軍にその気はなかったとは思うが、場合によっては時津風は敵軍によって鹵《ろ》獲《かく》された唯一の日本軍艦になったかも知れない。

また陸攻隊の効果のなかった攻撃の例としては、太平洋戦争の天王山となったガダルカナル島をめぐる攻防戦があげられる。

この戦いの第二日目、ガ島沖で揚陸作業中のアメリカ軍輸送船団に向け、二七機の陸攻隊がラバウル基地から出撃した。

零戦一八機がエスコートし、それぞれの陸攻は、二五〇キロ爆弾一発、六〇キロ爆弾六発を搭載しているから、総数は一八九発となる。

ガ島をめぐる戦闘の第二日目で、アメリカ船団の輸送船のほとんどは投錨したまま作業を続けていたはずである。

さらに爆撃開始の時点では、対空砲の反撃はあったものの、大規模な敵戦闘機の迎撃はなかった。

そして、二七機が水平爆撃を実施、二〇〇発近い爆弾が落下したにもかかわらず、命中弾は皆無！

護衛任務のため当日参加していた、日本海軍のもっとも著名なエースたる坂井三郎氏の手記によると、この爆撃によって一隻が火災を起こしたとある。

しかし、アメリカ海軍の記録を調べてみると、輸送船の損害は全く載っていない。

いずれにしても、たいした打撃を与えられなかったことは確かである。

発進基地のラバウルからガダルカナルまでの往復に距離は約二〇〇〇キロ。これを二七機の編隊が侵攻し、戦果ゼロとはあまりに残念という他ない。

いったいあの精強な陸攻隊はどこへいってしまったのだろう。

以前にも記した覚えがあるが、この日本海軍航空部隊の敵船団攻撃は、太平洋戦争中もっとも重要なものであった。

ガダルカナル島に揚陸中の船団のかなりの部分が、停船状態で任務を続けていた。

もし作業が完了していれば、輸送船は一刻でも早く、戦場から退去するはずであるから。

この航空攻撃が成功し、輸送船団が大打撃を受けていたら、その後のガ島をめぐる戦局は全く異なった様相を見せたに違いあるまい。

上陸した部隊は後続を絶ち切られ、物資も届かず、否応なく撤退を迫られた。

しかもこの日の夜、船団を護衛していた米、オーストラリアの連合水上部隊は、日本艦隊によって壊滅的な損害を強要される。

これが有名な第一次ソロモン海戦である。

つまり昼間、陸攻隊の攻撃によって、輸送船団が大損害をこうむり、夜間に艦隊が壊滅に近い状況におちいる。

こうなれば——最終的に日本がこの戦争に敗れたという事実は変わらないかも知れないが——その後の戦局は大きく変化していたはずである。

さて、先の艦上爆撃機、これまで述べてきた陸上攻撃機部隊の凋落の原因は、どこに求めるべきであろうか。

たしかに艦爆の場合、優秀な搭乗員がミッドウェー、南太平洋などの諸海戦で残念ながら消耗してしまったと判断できる。

しかし、その一方で、陸攻隊の攻撃失敗は昭和一七年八月初旬のことであって、それまで大きな損害を被っていないままなのである。

したがって、まだまだ高い技量を有する搭乗員が多数残っていたはずなのだが。

九六式陸上攻撃機

このあと、アメリカ軍の戦闘機戦力の増加、対空砲の精度向上、それらを有機的に活用する電波兵器の進歩により、陸攻隊の行動は完全に近い形で封じ込められてしまう。

勇敢な攻撃も、アメリカ軍の技術の壁の前にはほとんど効果がなかった。

実質的な対水上艦艇に対する戦果は、昭和一八年一月三〇日、レンネル島沖海戦における重巡洋艦シカゴの撃沈のみといっていいように思える。

この事実から見ても、ガダルカナル戦第二日目の攻撃は、なんとしても成功させたかったと考えるのは、わずかに著者のみであろうか。

このような戦争の経過を知ると、ひとつの明確な事柄が浮上する。それは次のような分析、結論となる。

。日本海軍航空部隊の搭乗員は、きわめて高い技量をもっていた。これは当然、旺盛な士気に支えられたものである。

その一方で、これらの搭乗員の数は決して多いとは言えず、つまりこの種の分野の層が薄かった。

このため、緒戦の圧倒的な勝利のあと、消耗戦へと移行すると共に急速に弱体化する。

その証拠に、開戦から一年が過ぎたあと、海戦、航空戦のどちらを見ても特筆すべき勝利は皆無となってしまっている。

そして事実よりも〝希望的観測〟が、戦果として伝えられる有様であった。

その最大の状況は、昭和一九年一〇月の台湾沖航空戦である。

日本側は六八〇機の航空機を投入、損失は三三〇機と約半数であった。

発表された戦果は、航空母艦一一、戦艦二隻をはじめとし、合わせて三〇隻を撃沈となってはいるが、現実はわずか五隻に損傷を与えたのみに終わっている。

しかも、いずれのアメリカ艦艇も短時間、航行不能になったものの、すぐに修復された。

このような誤った発表（一部は意図的か）はもちろん糾弾されなければならないが、その反面、ガダルカナル戦の開始と共に日本海軍の航空部隊は、短期間のうちに力を失っていったというのが真相なのである。

たしかに戦争直前から日本海軍の搭乗員の技量、質は、世界最高の水準にあった。

かなりのパイロット、クルーも中国との戦争を経験し、まさにベテランの域に達していた、と考えてよい。

それがインド洋、珊瑚海、ミッドウェー海戦で見事に証明されたが、やはり数の薄さは否めなかった。インド洋を除く二つの海戦で、多数の優秀な搭乗員が戦死すると、その戦力は見る間に落ちていった。

実際、ガダルカナル以降の戦いでは、南太平洋海戦を例外として、アメリカ海軍の大型艦を一隻も沈めることはなかった。

これこそ先の結論の証明と言える。

●得られる教訓

分かり切ったことだが、開戦前に日本の首脳陣は、アメリカという国の国力を徹底的に分析していたのだろうか。

これは例えば一年あたりの自動車の製造数を調べればすぐにわかることで、日本、アメリカの比率は一：二〇、つまり二〇倍である。

やはり争う場合、競争する場合、競合する場合には、相手を詳細に調査することが必須である。戦いの要諦は結局のところ、その数にある。

これは「敵を知り、己を知れば、百戦危うからず」ということなのであろう。

11 遠すぎた敵
——日本海軍のアウトレンジ作戦

敵の攻撃可能な範囲外から、自軍が一方的に相手を叩くという、いわゆる〝アウトレンジ〟戦術はすべての軍人の夢である。

とくに日本海軍は、艦載機の航続力、魚雷の走行距離の延伸に力を入れた。太平洋を巡る幾多の海戦のうちで、一九四四年初夏のマリアナ沖の戦いでは、これが本当に〝正夢〟となった。あらゆる条件で、日本艦隊は必勝の体勢を作り上げたのである。

しかしその結果はどうだったのだろうか。

軍人というものがこの世に誕生して以来、彼らは少しでも強力な武器を欲してきた。まずそれは、遠くの敵を倒すことから始まる。

したがって剣よりも槍、槍よりも鉄砲といった具合に、徐々に距離を大きくしていき、間もなく〝射程〟あるいは〝射距離〟という概念が浮かび上がってくる。

もっとも軍事技術が著しく発達した今日《こんにち》において射程の長いのは当たり前となり、命中精度の向上、さらには敵の妨害を受けにくいことが課題と変わってくるが……。

この射程をめぐる問題がともかく重大に考えられた戦争は、やはり第二次世界大戦であろう。

またその中でも、水上艦対水上艦の戦いが頂点と思えばよい。

対艦ミサイルの登場はまだ先のことであるから、主要な兵器は艦砲と魚雷である。

それでは最初に大艦巨砲主義という言葉さえ生みだした艦砲を見ていこう。

近現代の艦載砲の口径と射程は概略として、

日露戦争（一九〇四～〇五年）

一二インチ（三〇センチ）砲・二〇キロ

第一次世界大戦（一九一四～一八年）

一四インチ（三六センチ）・三二キロ

第二次世界大戦（一九三九～四五年）

一五インチ（三八センチ）・三三キロ

一六インチ（四一センチ）・三八キロ

一八インチ（四六センチ）・四一キロ

となる。

砲口速度、いわゆる初速は発射する火薬の量や砲身の長さによって変わるが、だいたい七〇〇～八〇〇メートル／秒である。

音速が三四〇メートル／秒であるから、その二・二倍程度と見ればよい。

あまりに有名な戦艦大和の四六センチ砲の場合、一門あたり一八〇トンもある砲身から一・四六トンの砲弾を最大四〇・八キロ遠方まで飛ばすことができた。

これがまともに命中すれば、いかに強力な防御力を誇る敵の戦艦といえども、無事には済まないことは明白である。

一方、もうひとつの主要な攻撃兵器たる魚雷についてはどうであろうか。

比較的小型・軽量である航空機、潜水艦用のそれではなく、ここでは水上艦から発射される大型の魚雷を考える。

この兵器に関して、日本海軍は世界最高の水準にあって、明確に列強海軍を凌駕していた。

それは次の、よく知られた数値によって示されている。

九三式酸素魚雷一型であるが、これが二型となると重量はそのままで炸薬量は四九〇キログラムに、またさらに性能を向上させた三型ならば実に八〇〇キロとなる。

この三型が重要な部分に命中すれば、一発で重巡洋艦を、二発で戦艦を沈めるほどの威力と推定できる。

ともかく炸薬量のみで、八〇〇キロ爆弾と同じ重さなのであるから。

さて艦砲にしろ魚雷にしろ、少しでも射程を大きくする理由は、
アウトレンジ（Out Range）

を実践するためである。

これが文法的に正しい英語の表現かどうか少々疑問があるが、翻訳すれば（敵の）射程外を意味する。

つまり敵の手が届かない距離から攻撃すれば、自分は安全なところにいながら打撃を与えられる。

当然理想的な方法であるから、軍人ならだれしもこの戦術に力を入れるのであった。

加えて艦砲、魚雷ばかりではなく、太平洋戦争の後半に至ると、航空攻撃においても、これはますます重要視された。

機動部隊、つまり空母を中心とした戦いでは、航続距離の大きな航空機を準備し、遠方から攻撃を仕掛ける。

ここでもアウトレンジは、理論上では最良の方法であるはずなのだが、実際の戦場ではどのような結果となったのであろうか。

残念ながら、長大な射程を利したアウトレンジ戦法が、見事な効果を発揮し、一方的に敵戦力を壊滅させた、といった例はほとんどない。

日本海軍が夢に見、また精魂を傾けて開発した兵器も、距離という壁の前にはその効力を削がれてしまったのである。

一、スラバヤ沖海戦（一九四二年二月二七日）

日本海軍の重巡洋艦那智、羽黒は、アメリカ、イギリス、オランダ、オーストラリアの水上艦艇に向け、八インチ砲二〇門による砲撃を行なった。

このときの彼我の距離は約二五キロであったと伝えられている。

両重巡乗組員の技量は最高の水準と考えられるが、それでも二時間にわたる連続射撃によって敵に与えた命中弾はわずか二発にすぎなかった。

発射した砲弾の総数ははっきりしないが、少なくとも一〇〇〇発に達したと推測される。

魚雷については、ふたつの水雷戦隊の軽巡洋艦、駆逐艦からまず四三本が発射された。

しかしながら信管が鋭敏すぎて自爆するものもあり、結局一本も命中しなかった。

目標となった連合国艦隊は、巡洋艦五隻、駆逐艦九隻と多かったので、一本くらいは当たりそうに思えるのだが。

第二回目の攻撃では六四本が発射され、一本が命中、旧式駆逐艦一隻を沈めている。

これを合わせた命中率は一〇七発中の一本ときわめて低い。

当日の天候は快晴かつ波も静かであり、しかも白昼の海戦である。

この結果はなんといっても二〇〜二五キロという大きな距離にある。

高性能のレーダーがないとすると、魚雷はもちろん砲弾さえほとんど命中しない。

万一当たったとしても、それは僥倖《ぎようこう》にすぎないのであった。

二、アッツ島沖海戦（一九四三年八月二七日）

アリューシャン列島の沖合で勃発したこの海戦では、

勝利に大きく貢献したアメリカ戦艦のレーダー

日本側　　　重巡二、軽巡二、駆逐艦四隻
アメリカ側　重巡、軽巡各一、駆逐艦四隻
と、前者がかなり有利といえる。

またこの海戦は、水上艦隊が航空機、潜水艦の介入なしに、しかも白昼交戦する史上最後の戦いであった。

北方の海域としては大変珍しく、視界がよく波静かな絶好の条件であるにもかかわらず、またもや互いの距離は二〇キロから縮まらないまま、だらだらとした砲戦が続く。

この間、日本側の重巡二隻は八インチ砲弾一六一一発、駆逐艦隊は魚雷四二発を射ちながら、命中したのは砲弾一発のみであった。

まさにジャワ沖海戦と同じ状況で、アウトレンジは全く効果がなかった。

とくに、この海戦でも大威力・大射程の九三式酸素魚雷は、アメリカ海軍の艦隊を圧倒すると思われたのだが、結果は空しいの一言に尽きる。

アウトレンジに頼った攻撃の失敗は、次の戦闘のさいにも見られた。

これは航空母艦から発進した航空機による戦いである。

マリアナ沖海戦（一九四四年六月一九～二〇日）

この史上最大の海戦において、日本海軍の機動部隊は、相手より先に敵を発見し、数百機の搭載機を発進させることに成功した。

さらに両軍の航空機の航続距離という面からも、アウトレンジが可能となった。

（一）主力艦上戦闘機

零戦五二型

グラマンF6F

（ともに最大航続距離は二二〇〇キロ程度）

（二）主力艦上攻撃機

中島B6N天山（三〇二〇キロ）

グラマンTBF（一八一〇キロ）

（三）主力艦上爆撃機

空技廠D4Y彗星（二四〇〇キロ）

カーチスSB2C（一八八〇キロ）

航続距離の数値は資料によって少なからず異なっているので、一応の目安ではあるが、一般的に日本機の方がはるかに大きい。

攻撃隊の発進は、敵艦隊との距離なんと四五〇海里（八三〇キロ）という遠方で行なわれた。

往路、戦闘、復路を考えれば、信じられないほどの遠距離であり、最初の時点ではアメリカ機の攻撃は不可能である。

早目の発艦終了、アウトレンジと、マリアナ沖海戦の出足は日本側にとって理想的なものとなった。

しかし、日本艦隊を見つけられなかったアメリカ艦隊はすぐさま、

第一段階・徹底的な防御体勢の確立

第二段階・大規模航空攻撃の実施

と戦術を転換した。

これが功を奏し、絶好のチャンスを掌握しながら日本軍は大打撃を受けてしまうのである。

闘志は充分であっても、技術的に問題のある日本軍パイロットにとって四五〇海里の距離は、あまりに遠かったという他はない。

これまで述べてきたように、日本海軍が強く夢見たアウトレンジ戦術は、ハード、ソフトの両面で結局失敗に終わったのである。

F6Fに迎撃される零戦。エアショーの一場面

敵に攻撃させず、味方のみそれが可能というのは、机上、あるいは書物の上ではたしかに魅力的ではあるが、現実の問題としてはなかなか成功しない。

露骨に表現すれば、『あまりに虫が良すぎる』ということになろうか。

今でこそ精測レーダー、GPS、INS（慣性航法装置）などで遠距離、精密攻撃が実現している。

しかし、第二次世界大戦当時では接近戦こそが命中率を高めるためは最良の手段であった。やはり危険なくして、勝利は得られなかったのである。

これまでいくつかの戦闘におけるアウトレンジ戦法の失敗を見てきた。

その結論としては、敵よりも射程の長い兵器を保有していることによる優位性は、用兵者の思惑とことなり、かなり小さいといった事実である。

光学照準に頼っているかぎり、砲弾や魚雷の命中率は、射程の大きさと反比例して低くなる。

いや、もしかすると、二乗、あるいは三乗に反比例するかも知れない。

つまり敵との距離が二倍になれば四分の一、あるいは八分の一にまで下がると考えた方が良いのだろう。

明治三八（一九〇五）年五月の日本海海戦のさい、司令長官東郷平八郎は、主砲である一二インチ砲の最大射程（約二〇キロ）どころか、わずか六キロまで接近してから砲火を開き、初弾から敵の旗艦に命中させている。

まさに古いことわざにあるとおり、

『（味方の）肉を切らせ、（相手の）骨を切る』

ほどの接近戦を挑んだのである。

このような見方に立つと、アウトレンジ戦法は、やはり勝利とはかけ離れた夢のまた夢でしかなかった。

日本海軍の多くの士官が、兵学校、そして海軍大学の戦術教育で、日本海海戦をたびたび学んでいるから、現実の海上戦闘ではそれを活かせなかったのは、なんとも残念という以外にはない。

世界の戦史上、すべての面で圧勝の体勢を作り上げながら、戦果を挙げられず、また自軍が大敗北を喫するようなマリアナ沖海戦の例は本当に珍しい。

この海戦において日本海軍は、二年前のミッドウェーの惨敗を徹底的に分析し、その失敗を繰り返さないように絶妙な体勢、タイミングを確保したのである。

それにもかかわらず、その空母部隊はなんら敵に打撃を与えることができないまま。壊滅的な損害を被ったのである。

この理由は、相手となるアメリカ軍がレーダーという新兵器の威力、強力な新型戦闘機の大量配備、高威力の対空火器の搭載など、すべての面で日本側とは格段の能力を有していたということである。

さらに戦闘初期、自軍のマイナスの部分を、短時間のうちに切り替えるという戦術的な能力にも優れていた。

この戦いにさいして、これらの事実から日本艦隊が勝利を得る可能性は皆無であった、というしかないように思われる。

●得られる教訓

充分、かつ万全の準備をなし、最高のタイミングを得ていながら、事態が動き出すとともに、それがまったく望まない方向に進んでしまうことが、人生にはたしかにある。

これをどのように教訓として捉えるのか、何とも難しい。

やはりわかり切ってはいるが、出来るだけ視野を高く、広く持ち、相手の実力を可能な限り知ることが大切ということであろう。

ただ人生は、戦争と違って何度でもやり直しがきくのであるから、どん底に至っても落胆しないことかもしれない。

12 思いもよらぬ敗北

——太平洋戦争における日本潜水艦隊

一九四四年五月、太平洋のアドミラルティ諸島の近海で、日本海軍の潜水艦五隻が、片端からアメリカの駆逐艦一隻に連続して撃沈されるという非常に悲惨な戦闘があった。
しかも相手は、艦隊型の駆逐艦ではなく、それよりも一段低い能力しか持っていない護衛駆逐艦であった。

この世界の海戦史上でも稀有な出来事を追ってみる。
太平洋戦争における日本海軍最大の惨敗としては、どの戦いをあげるべきだろうか。

。一九四三年八月六日のベラ湾夜戦
日本側戦力　駆逐艦四隻
アメリカ側戦力　同六隻
が闘い、日本側は戦果皆無のまま、三隻を失ってしまった。

。一九四三年一一月二四〜二五日のセント・ジョージ岬沖海戦

日本側戦力　駆逐艦五隻
アメリカ側戦力　同六隻
日本側はこれまた戦果を全く挙げられず、三隻を沈められている。
いずれもアメリカ軍のレーダーの威力が如実に示され、日本海軍の駆逐艦隊は手も足も出ず、一方的に敗れたのであった。

○一九四四年一〇月二四〜二五日のスリガオ海峡海戦
日本側戦力　戦艦二、重巡一、駆逐艦四隻
アメリカ側戦力　戦艦六、巡洋艦八、駆逐艦二六、魚雷艇三九隻
短時間のうちに、日本側は戦艦山城、扶桑を失い、戦死者は五〇〇〇名を超す壊滅的な損害を被る。

そして戦果は、魚雷艇一艇のみで、死傷者はわずかに五〇名前後であった。

この海戦のさいには、両軍の戦力の差が大きく、敗北は仕方のない気もしているが、その一方で前方哨戒も行なわないまま猪突猛進、全滅という結果は充分に非難されるべきであろう。

歯に衣を着せずに言ってしまえば、日本海軍の一部高級士官の無能ぶりが表面化したという他はない。

それはともかく、ここではもうひとつの、信じられない惨敗の記録を取り上げる。

一九四四（昭和一九）年五月、南太平洋のアドミラルティ諸島（パプア・ニューギニア北

部に位置し、四〇の島々からなる）近傍の海域で、それは起こった。

日本海軍の潜水艦五隻が、わずか一週間のうちに、すべて同じ駆逐艦によって沈められてしまったのである。

世界の海戦史を振り返っても、このような事例は全く見られず、なんとも残念である。

そこでなるべく詳しく、この悲劇を追ってみることにする。

ともかく、筆者は今でもこの事実が信じられず、調査・研究の過程でなんらかの思い違いが存在するのではないか、といった危惧を捨てきれない。

さらに、この一方的な闘いの様相は、これまでまとまった形で伝えられたこともなく、この点からも詳しい分析が必要となる。

日本海軍は、アドミラルティ諸島を取り巻くような形で、潜水艦による警戒線を敷いていた。

当然、この方面の主戦場のひとつ、ビスマルク海を航行するアメリカ船舶の動向を知るためである。

また他方、アメリカ側はこの海域の制海権を把握しようと、多数の軍艦を送り込みはじめていた。

その中に護衛駆逐艦イングランドＤＥ635があった。

ＤＥという記号からもわかるとおり、艦隊型の駆逐艦ＤＤと比較すると、かなり小型、低速、弱体の軍艦である。

いってみれば、日本海軍の急造丁型（松型、橘《たちばな》型）とほぼ同じ大きさと考えてよい。ともかくその主砲ひとつを見ても、一般的な五インチ砲ではなく、三インチ砲となっている。

速力はわずか二三ノット。

ただし、就役から一年とたっていないだけに、その装備は当時の最新式であったと見るべきだろう。

艦名　イングランド
バックレイ級ＤＥ635
基準排水量　一四三〇トン
満載排水量　一八二〇トン
全長　九四メートル
全幅　一一メートル
ギアードタービン＋電気推進二軸　出力一二万馬力
速力　二三ノット
航続力　一五ノットで五〇〇〇海里
兵装　七六ミリ砲三門
　二八ミリ機関砲四門
　二〇ミリ機関砲八門

アメリカのバックレイ級駆逐艦

五三三ミリ魚雷発射管三門
乗員　二〇〇～二二〇名
起工　一九四三年四月四日
進水　　　　六月二九日
就役　　　一二月一〇日
解体決定　一九四六年一一月一一日

さっそく装備を見ていくことにするが、対空、対水上用のレーダーなどを除き、対潜水艦用のものに限る。これは本稿の内容が、イングランド対日本潜水艦だからである。

水中探査用兵器
。聴音器　JK、JPなど
周波数　〇・一～二五キロヘルツ
出力　二〇～三〇ワット
探知距離　二〇キロメートル
。探信ソナー　QBF、QCSなど
周波数　二〇キロヘルツ前後
出力　四〇〇～六〇〇ワット

探知距離　四～九キロメートル

この当時の対潜探知兵器としては、ここに記すごとく、水中聴音器と音響／音波探信儀であった。

また水面下にいる潜水艦攻撃用の兵器としては、日本海軍は爆雷だけであるが、アメリカ海軍は次の二種を装備していた。

まずごく普通に使われている爆雷、そして非常にユニークな前方投射兵器ヘッジホッグである。

水中攻撃兵器

◦爆雷　Ｍｋ6、9など

作薬量　九〇～一四〇キログラム

沈降速度　ドラム缶型一四メートル／秒、涙滴型七メートル／秒

調定深度　一〇～九〇メートル

◦ヘッジホッグ　Ｍｋ10、22など

作薬量　一五キログラム

沈降速度　七メートル／秒

調定深度　瞬発型

四、八、二四発同時に発射

後者は、複数の小形爆雷を、投げ縄の要領で投射する。そのうちの一発でも潜水艦に命中、

爆発すれば、残りも一斉に誘爆し、敵を葬り去るというものであった。

もし命中しなければ、爆発しないまま沈降するので、探知システムを妨害しない。

イングランドの説明はここまでにして、戦闘の結果を紹介しよう。

この低性能の護衛駆逐艦は、装備している兵器を駆使して、次のごとく日本潜水艦を沈めてしまった。

昭和一九年五月一九日　伊一六号潜水艦
二二日　呂一〇六号潜水艦
二三日　呂一〇四号潜水艦
二四日　呂一一六号潜水艦
二六日　呂一〇八号潜水艦

なにしろ二二、二三、二四日と三日連続して撃沈している。

同艦の戦果はこれだけではなく、五月三一日、こちらは他の潜水艦と共同ながら呂一〇五号潜水艦を葬り去った。

大戦力の潜水艦掃討部隊ならいざ知らず、たった一隻の護衛駆逐艦にこれだけやられてしまったという原因を、どこに求めればよいのだろうか。

さらに、もう少しこの戦いを詳しく見ていくと、別な疑問が浮かび上がる。

それは五月一九日から三一日までの間、イングランドが補給を受けたかどうか、といった問題である。

伊16号潜水艦

もともと駆逐艦に搭載可能な爆雷やヘッジホッグの数には限りがある。

バックレイ級DEの正確なデータは不明だが、ほぼ同じ大きさの駆逐艦から想定すると、爆雷三〇コ、ヘッジホッグ二〇セットといったところであろうか。

イングランドがこの一週間、補給を受けなかったと思われるので、消費した対潜兵器の数は、潜水艦一隻当たりたった爆雷五、六コ、ヘッジホッグ四、五セットとなる。

つまり爆雷、ヘッジホッグともきわめて高い精度で命中している。

どう考えても複数の対潜艦艇が、大量の爆雷をところかまわず投射、投下するといった戦術とは全く異なる。

いったいイングランドは、どのように日本側の五隻の潜水艦を探し出し、どのように攻撃したのか。

このあたりが現在にいたるも、不明のままであって、もし可能なら同艦の艦長に尋ねてみたい気がする。

とくに三日連続して呂一〇六、一〇四、一一六を撃沈できたのはどうしてなのか。もしかすると、日本側の哨戒担当海域が、きわめて限定されていて、二隻を捕捉した時点で、三隻目の位置を予測したのかも知れない。

さらに三隻目を沈めたあと、四隻目、五隻目、そして六隻目を、イモヅルをたどっていくかのごとく日本潜水艦を探知し、易々と沈めた。

あくまで推測ではあるが、この連続した戦闘は、イングランドにとって決して苛酷なものではなく、案外楽な戦いではなかったのか。

同艦が一人の死傷者も出していない事実から、こう推測できるのであった。

また日本側としては、同じ哨戒線にいる味方の潜水艦が、片端から撃沈されている事実に気付かなかったのであろうか。

伊号潜水艦の乗組員は平均的に六〇名前後、かなり小型の呂号もまた同じである。撃沈された五隻の生存者は皆無だったから、三〇〇名がこれといった戦果のないまま南の海に消えてしまった。

これはやはり大きな悲劇と言わざるを得ない。

筆者の知るかぎり、昭和一九年五月、アドミラルティ諸島沖合の戦いは、きちんと分析されないままである。

一般の戦史研究者は全く触れていないが、海上自衛隊の潜水艦関連の教育の中では研究されていると信じたい。

前方投射型の対潜水艦兵器ヘッジホッグこそ持ってはいないが、日本軍もまたアメリカ海軍と同様の探知システムを備えていた。

たとえば、三式、四式、九三式水中聴音器。三式、九三式探信儀。などである。

また爆雷についても昭和一八年から、それまでのドラム缶型のものに変えて、流線型を取り入れた三式爆雷を採用している。

これによって沈降速度は、従来型の四倍まで増加した。

これだけの兵器を備えていても、日本海軍の対潜掃討は決して成功したとは思えず、日本と南方を結ぶシーレーンはもちろん日本近海でもアメリカ潜水艦の跳梁を許している。

ようやく出動した対潜空母冲鷹なども、船団のエスコートどころか簡単に返り討ちにあう有様であった。

考えてみれば、海面下に身を潜める潜水艦と、それを攻撃しようとする対潜艦艇との戦いは、科学技術そのものといえる。当然、乗組員の技量も加味されはするものの、もっとも重要なのは探知、攻撃兵器の性能だろう。

こうなると、同じような水中聴音器、ソナーを備えていても、その能力に大差があったと思う他はない。

しかし、ごく少数の専門家をのぞくと、兵器の能力に関する分析など一般人の手に余る。

だからこそ、専門家と言われる人々、また軍の用兵者は日頃の勉強と研究が大切なのである。残念ながら太平洋戦争のさい、日本側の専門家、用兵者とも、あらゆる面においてアメリカに劣っていたと見るべきだろう。

これは個人々々の責任というより、広義の国力に依存しているのかも知れないが……。

それにしても過去の戦争の謎は、まだまだ残っているように思えるのである。

（注）各潜水艦の沈没地点
伊一六号——北緯五度一〇分、東経一五八度一〇分
呂一〇六号——北緯一度四〇分、東経一五〇度三一分
呂一〇四号——北緯一度二六分、東経一四九度二〇分
呂一一六号——北緯〇度五三分、東経一四九度一四分
呂一〇八号——北緯〇度三二分、東経一四九度五六分
呂一〇五号——北緯〇度四七分、東経一四九度五六分
ここに示すごとく、ごくごく狭い海域に警戒線を張っていた六隻は、あっけなくイングランドを中心とするアメリカ対潜グループに仕止められている。

これまで戦史のなかでもあまり注目されずに今日に至っているが、この戦闘こそ完全なワンサイドゲームであった。このような敗北の状況を知ると、日本海軍が戦争に勝つことなど夢のまた夢でしかない。

しかしなぜこのような状況になってしまったのか、理由がはっきりしないのである。これ

に関する資料は「米海軍作戦年史」などを参考にしているが、そこには事実の記述があるだけなのである。

●得られる教訓

最後でも述べている通り、この手酷い敗北の理由が不明で、どのような教訓をくみ取るべきか、判らないと正直に記しておきたい

13 なぜ北の港湾の機雷封鎖を急がなかったのか

――ベトナム戦争最大の謎

アメリカが完全に近い形で敗北したのが、一九六一年のはじめから七五年まで続いたベトナム戦争である。

この大規模地域紛争にアメリカは全戦力の半分をつぎ込みながら、南ベトナムという国家を守ることは出来なかった。

その最大の理由は、戦争を東南アジア全域に広げるべきではない、という政府の方針からアメリカ側が常にいろいろな制約を設けながら戦わなくてはならなかったことである。

本稿ではその最大の制約について述べるが、前線のアメリカ軍兵士たちは、これを「片手を縛られたまま、戦わねばならなかった戦争」と表現している。

一九六一年初頭から本格化したベトナム戦争は、一九七五年四月、共産／社会主義勢力の勝利におわる。

この間、最大時には、

南ベトナム政府軍約一一〇万人
アメリカ軍五三万人
韓国軍、オーストラリア軍など八万人
といった自由主義国の軍隊が、
北ベトナム軍約一二〇万人（そのうち南領内に約三〇万人）
南ベトナム民族解放戦線軍約二〇万人
の共産軍と闘っていた。

これに両方の側の民兵組織、北ベトナム領内で対空戦闘を担当していた約三万人の中国軍をふくめると、それぞれが二〇〇万人近い人員を、インドシナ半島に投入していたことになる。

それらの軍隊のうちで、もっとも大量に近代兵器を揃えていたのは、いうまでもなくアメリカ軍であった。

◦南ベトナム領内に三五～三八万人の陸軍及び海兵隊、空軍
◦半島の沿岸に航空母艦六隻を中心に艦艇約八〇隻、兵員約一〇万人
◦タイの基地に主として空軍を中心に五万人
を配備していた。

そして前述の空母はもちろん、海には戦艦ニュージャージー、空には超大型爆撃機B－52、陸には世界最強と謳われる海兵隊を置き、まさにその戦力は圧倒的であった。

背後から望むB−52爆撃機

大型兵器で使われなかったのは、核兵器と原子力潜水艦のみといってよいほどの陣容といえる。

また主力戦場である南ベトナム領内に限れば、一〇〇万人を超す南ベトナム軍と共に、これだけの軍事力が、数十万人の北ベトナム正規軍、解放戦線軍と闘っていたわけである。

この状況を振り返ると、アメリカ、南側の勝利は動かないと思えるのだが、実態は全く反対であった。

勝利と敗北の正確な定義は難しいが、ともかくアメリカ軍は一〇年に及ぶ努力も空しくこの地から撤退を余儀なくされ、南ベトナム共和国は地図上から完全に消え去った。

ということは、共産側が当初の目的を達成したのである。

つまりアメリカは、ベトナム戦争に敗れたと判断するしかない。

この事実は、近現代において白人の軍隊が有色人種のそれに敗れ去った稀有の例でもある。

これだけ強大なアメリカ軍が、人口から言えば一〇分の一程度の国家の軍隊に敗れた原因は、どこに求めればよいのであろうか。

少しでもこの戦争を学んだ者にとって、それはわずかな時間であっても、一〇指を数えることができよう。

例えば、アメリカにとって宣戦布告がなされなかったため、かなり行動に制約が課せられていたこと、北ベトナムに共産陣営からの大量の援助があったこと、南ベトナム軍の内部が腐敗し、兵員数のわりに戦力が著しく低かったこと、全土の大部分を覆う森林が敵に味方したことなどなど。

このどれもが、インドシナ半島で闘うアメリカ軍にとって、少なからず不利に働いたのである。

これらはすべて正しいが、ここではアメリカ軍敗退の最大の原因について検討したい。

もちろん、これも研究者、専門家によって多くの意見が出るであろうし、そのすべてが当たっているはずである。

しかしここでは、広義のロジスティックス（Logistics）を中心として話を進めていく。

ロジスティックスとは、

「本来、兵站《へいたん》の意味であり、組織が必要な物資を揃えることからはじまり、最終的にはそれらを第一線で運用するところまで運ぶ一括管理システム」

と考えればよい。

ベトナム戦争当時の北ベトナム（現・ベトナム民主共和国）は、国力からいっていわゆる重兵器（戦闘用航空機、戦闘車両、大口径砲など）を全く製造することができなかった。北爆、つまり北ベトナムを爆撃するアメリカ軍機に対抗する高射砲はむろんのこと、SA－2ガイドライン対空ミサイルもすべてソ連から運ばれていた。

これだけではなく、小火器とその弾薬類、食糧は中国および東ヨーロッパ諸国から、戦闘機、戦車、大口径砲などはソ連であろう。

南ベトナムへ正規軍を送り、解放戦線を支援し、かつ国内では大規模北爆に対抗しなければならず、北ベトナムの首脳は頭を抱える毎日であった。

それだからこそソ連、中国、そしてソ連の意を受けた東欧諸国は全力を挙げて、この社会主義国を支えたのである。

これらの軍事、民生に対する莫大な援助がなければ、戦争の勝利はアメリカ、南のものとなったことに疑いの余地はない。

さて、この運搬ルートは主要な三本の鉄道、何本かの幹線道路、そして海路であった。

空輸は、アメリカ軍航空機が昼夜を問わず上空を飛びまわっているから、ほぼ不可能である。

輸送量に関して、鉄道、道路、海路のうちの、それぞれの比率はいまにいたるもはっきりしない。

さらに東欧、旧ソ連から中国を経由して北ベトナムに入る陸路（鉄道、道路）では、思いも寄らない懸念も浮上している。

つまり、これはすべてソ連の言い分ではあるが、中国政府がソ連からベトナムに送られる最新の兵器を抜きとっているというのである。

北へ送られるはずの兵器が、中国軍の手にはいり、中国の旧式兵器が北へ渡される。

簡単には信じ難い話ではあるが、一九六〇年代の終わりから、中ソの対立は決定的なものになりつつあった。

そのため、この頃から東欧諸国、ソ連の援助の大部分は、海上輸送に切りかえられた。

北ベトナム唯一の大規模港であったハイフォン港には、一九六九年の終わり頃、一週間に三隻の割合で大型貨物船が入港している。

正確な数字は不明だが、たぶん一隻当たり一万トン弱の物資を陸揚げしたものと推測される。

つまり一ヵ月当たり少なくとも一〇万トンが運び込まれていた計算になるから、北ベトナム軍、解放戦線軍は充分にその恩恵を受けることができたわけである。

そのうえ、陸路中国から北ベトナムに入ってくる輸送は、絶え間ないアメリカ軍機の攻撃にさらされていた。

昼間はアメリカ空軍のＦ４、同海軍のＦ８などの攻撃機が襲い、夜間はその能力を有するＡ－６イントルーダーがその名のとおり侵入し、トラックコンボイ、鉄道車両を破壊する。

加えて多数投下される時限信管付の爆弾が鉄道、道路の補給を著しく妨害した。

しかしソ連、東欧からの海上輸送路、そしてハイフォン港の港湾施設が攻撃されることは全くなかった。

なにしろアメリカは北ベトナムと〝正式に〟戦争をしているわけではなく、これを攻撃するのは国際上できないのである。

公海上はもちろん、港にいる共産国の民間船を攻撃すれば、それらの国々から猛烈な抗議を受けることになる。

したがって、みすみす軍事物資が陸揚げされていようとも、見逃すほかはなかった。

時には、苦々しく思ったアメリカ軍機のパイロットが、命令を無視してこれらの船舶を爆撃する場合もあるにはあったが……。

結局、北ベトナムへの海上輸送路を遮断できなかったことが、アメリカ軍をしてインドシナ半島からの撤退に結びつけたのである。

この点についてなんとも不可思議であり、理解に苦しむのは、

『なぜアメリカは、ベトナム戦争の早い段階で、北の港湾の機雷封鎖を実施しなかったのか』

という疑問である。

地図を広げてみれば簡単にわかることだが、北ベトナムの大きな港は、すでに説明したハイフォン以外には、そのすぐ北方のホンゲイしかない。

このホンゲイも石炭の積み出し港であって、一般の荷役設備は貧弱であった。

A-6 攻撃機

つまり北ベトナムの大規模港は、ハイフォンだけといってよいのである。

アメリカ軍にとってこの港を使えなくすれば、南ベトナム領内における地上戦闘はずっと楽になる。

現代戦争において補給なしでは長く闘えない事実を、もっともよく知っているのはアメリカ軍だったはずである。

なにもハイフォン港の陸揚げ施設や、入港している船舶を攻撃する必要は全くない。

港を機雷で封鎖してしまえば、人命を損なうことなく物資の流入を防げるのである。

もともと北ベトナムの海軍は、潜水艦、駆逐艦といった艦船もなく、ミサイル艇、砲艇、哨戒艇しか保有していなかった。

当然、最新の掃海技術など全く持っていない。

したがって、いったん敷設《ふせつ》された機雷を完全に除去することは不可能であった。

さらに機雷封鎖は、それを実施するという宣言のみでも充分な効果をもたらす。

触雷する可能性が出てくれれば、それだけであらゆる商船は、当該海域には近寄らなくなるのはしごく当たり前の話であった。

このようなことから、アメリカ軍がハイフォン港外に機雷を敷設するだけでも、同国に運び込まれる軍需物資の量は半減したであろう。

毎月、一〇万トンが途絶え、とくに重兵器が不足するとなると、戦局は明らかに変わってくる。北爆のために侵入してくるアメリカ機の迎撃に使われる高射砲、対空ミサイル、ミグ戦闘機のいずれもが入ってこない。

また終始不足がちだった石油も、すぐに底を尽くはずである。

アメリカの立場からすると、ベトナム戦争最大の転換期であった一九六八年の冬から春にかけて、機雷封鎖はなんとしても実施されるべきであった。

ところが、実際にこの戦略が実行に移されるのは、アメリカのベトナムからの撤退の決定した後の一九七一年の春からである。

撤退、あるいは南ベトナムを蚊帳《かや》の外に置いた講和の条件を有利にする目的から、アメリカはこの時期になってようやく腰をあげたのである。

B-52爆撃機、A-6攻撃機、水上艦艇によって敷設された大量の機雷は、それらが最新型のものではなかったにもかかわらず、北の港の機能を見事なまでに奪い去った。

それどころか、内陸の河川交通まで封じ込めたのである。

あわてた北ベトナムは掃海に取りかかり、少数の掃海艇を繰り出したが、それまでこの作業の経験が全くなかったこともあって効果は少なかった。

隣りの中国が支援に乗り出したものの、これまた数隻の掃海艇と十数名の乗組員を失っている。

繰り返すが、アメリカ政府、軍首脳が北爆を決断した時点で、ハイフォン港の機雷封鎖を決めていれば、戦争の行方は大きく異なっていたと言い得る。

北爆については、延べ一八四万機を出撃させ、二〇〇万トン前後の爆弾を投下し、一〇〇〇機を失っているが、それでも爆撃の効果は期待されたほどのものではなかった。

一方、数百個の機雷を敷設しただけで、北爆と同等の損害を北ベトナムに強いることができたのではあるまいか。

またそれによって、北ベトナム、アメリカ人の直接の戦死者を減らし得たものと推測される。

このような見方に立つと、なぜアメリカが早期にこの戦略を実行に移さなかったのか、なんとも理解し難い。

もちろん、ソ連と正面から事を構えたくなかったからと考えられるが、それにしても直接、ソ連船を攻撃するわけではないのである。

なんとも信じられないことだが、第二次世界大戦、朝鮮戦争と膨大な戦いの経験を積み重ねてきたアメリカという国でさえ、これだけの失敗を犯す。

ごく普通の人々でも容易に考えつきそうな戦略、戦術を実行できなかったのである。

この意味するところは、例え専門家といえども、歴史の流れの中ではその持てる力を全く発揮できない場合も少なからずあるという証左であろうか。

北ベトナムの港湾に対する機雷封鎖のタイミングが、遅れに遅れたため、南ベトナムは崩壊、消滅し、アメリカの国家予算の三年分に相当する金額と、五万の人命が失われる。

しかし戦後に至ると、勝利を得たはずの（北）ベトナムは、経済の失敗から人々の生活はより苦しくなった。一方、敗北したアメリカは、十数年後の湾岸戦争で勝利を手中におさめ、自信を取り戻し繁栄の真っただ中にいる。

歴史とは、なんとも理解し難いものであろうか。

●得られる教訓

何らかの理由で戦わなければならないとしたら、いや物事を最後まで押し進めようとしたら、出来るだけ制約を失くす、また少なくすべきである。

もちろん場合によっては、妥協も必要だが、それならば少しでも有利な条件をはじめから設定しておくことが重要である。

さもないと、虻蜂取らず（あれもこれもと欲張って、なにも手に入れられなかったの意）に終わることを覚悟しなければならない。

14 補給こそ勝利の秘訣
――インパールとアフガニスタン

戦争、戦闘の勝利は、広義の物資の補給にかかっていると言ってよい。

これに関して本稿では、二つの事例を取り上げる。一つは初めからこの分野に無関心（無責任？）で、それにより戦死よりも餓死者が多いという悲惨な状況を招いたインパール作戦のさいの日本陸軍上層部、もう一つは補給の重要さを承知していながら地理的な状況から、目的を達することが出来なかったアフガニスタン戦争におけるソ連軍上層部である。

古今東西を問わず、いかなる戦争においても補給の問題を避けて通ることはできない。

例えば戦国時代の軍隊も、実戦部隊とほぼ同数の小荷駄《こにだ》隊（馬に荷物、兵糧を負わせて運ぶ輸送部隊）を用意し、常に最強の状態を維持することを心がけていた。

とくに軍隊が近代化するにつれて、当然のごとく補給の重要性は高まっていく。

現在、独立して戦う自己完結型の集団として最大単位はアメリカ海兵師団で、約二万人の兵士からなっている。

一九九一年の湾岸戦争のさい、海兵隊は決して戦闘の中核ではなかったにもかかわらず、その師団は一日当たり一二〇〇トンの物資を必要としていた。

激戦を展開しているとすれば、少なくとも三〇〇〇トンが不可欠となろう。なにしろ戦車、ヘリコプター、輸送車両の燃料だけでも一〇〇〇トンが最低のラインといえるかも知れない。

このようにいつの戦争でも補給の量が、戦闘の勝敗を決めるのである。

ここでは、この補給ならびにそのための手段について、全く異なった形の失敗を追ってみよう。

一、旧日本陸軍のインパール作戦

補給軽視がもっとも悲劇的な結末を招いた軍事行動が、昭和一九年の春、ビルマ（現在ミャンマー）を舞台としたインパール作戦である。

日本陸軍第一五軍（第一五、三一、三三師団）の将兵約一〇万名は、イギリス軍を駆逐し、この地域の支配権を確立する目的で動き出す。

このあたりは言うまでもなく濃密な森林であり、高温多湿、しかも点在する小集落を除けばほとんど人が住んでいない地帯である。

したがって弾薬はもちろん、食糧も兵士自身が携行する分を消耗したあとは、後方からの補給だけが頼りとなる。

この事実がきちんと理解されていたのかどうかわからないが、ともかく、第一五軍はジャングルと呼ぶべき密林に分け入り、ウクルル、コヒマなどの小さな村をめざした。他方、これを迎え撃つイギリス軍、インド軍も条件としては大差はなかった。細い道が多く、大量のトラックを投入することは不可能に近い。日本陸軍は軽火器を中心に、歩兵砲、大隊砲などは分解して人力で運んだ。そして食糧は、二週間分程度しか持たないままであった。一部の兵士は現地で徴発した牛まで連れていた。このあたりの支援体制が、種々の資料を読み込んでもなんともはっきりしない。作戦が二週間という短期間で終了するとの見通しだったのか、あるいはなんらかの方法で前進する部隊に追随し、補給するつもりだったのかわからないのである。しかし、インパールをめぐる戦闘がはじまると間もなく、日本軍はすぐに弾薬の不足に悩まされる事態になる。

もともと輸送手段はもっぱら人力に頼っているわけであるから、運べる量など限られている。

これと同時に食糧も底を尽き、前線の兵士たちは、戦うことにも食べることにも不自由を味わうのである。

また、出発地から第一線までの距離は五〇〇キロ近くもあり、これが補給の障害となった。もちろん、少数のトラック、手押し車、牛車、馬車の類もあったであろうが、なにしろ兵員数は一〇万名という多数にのぼっている。

作戦発動から三週間もたつと、日本軍には戦う術がなくなりはじめる。当然、否応なく撤退がはじまり、それはしだいに悲劇の様相を呈する形となった。

密林のあちこちに餓死者が横たわり、ジャングルの小径は〝白骨街道〟と呼ばれるまでになる。

この状況下、作戦参加三コ師団のうちの第三一師団の佐藤師団長は、上級司令部に無断で撤退命令を出すほどであった。

これもごくごく当たり前で、弾薬、食糧がなくなれば勝利どころか生存さえも難しい。

結局、インパール作戦は完全な失敗に終わり、日本軍の戦死者は六・五万名、しかもこのうちの六〇パーセントは悲惨なことに餓死である。

補給手段も考えずに実行された作戦は、目的を達成できなかったばかりか、第二次世界大戦最大の悲劇を生み出したといっても決して過言ではあるまい。

一方、イギリス軍、インド軍（そして少数のオーストラリア軍も）の補給はどうなっていたのであろうか。

地理的条件からトラックによる輸送は充分とは言えなかったが、彼らは代替の手段を有していた。

これは一二〇機の輸送機による空中投下である。

このさい投入されたダグラスC－47輸送機の積載量は、せいぜい一・五トンにすぎなかっ

ダグラスC−47輸送機

たが、一二〇機という数がそれを補っている。

戦場と後方の飛行場との距離が短かったこともあり、一日当たり少なくとも五〇〇トンの物資が、ジャングルで戦う地上部隊に送り込まれた。

決して大きな量とは言えないが、相手の日本軍の補給は皆無なので、その差は無限に拡大していたのであった。

インパールの戦闘でのイギリス、インド軍死者は四八〇〇名に達しているが、少なくとも餓死者は一人としていなかったと思われる。

もともと日本側から仕掛けたこの作戦については、どう考えてもその必要性が浮かんでこない。

はっきりいって、当時のビルマ方面軍はそれまでにこれといった大戦闘を経験していなかったため、上層部は大兵力が遊んでいるから、なにかに使ってみようと考えたふしも見られる。

そのため、補給に関しても真剣に検討したあとは見られない。この点からも、日本の陸海軍が必死に補給を試みながら、アメリカ軍の妨害によって完全に失敗したガダルカナルの戦いとは大きく異なっている。

このような見方に立つと、インパール作戦を立案した日本陸軍第一五軍の首脳は、全く無能だったという他はない。

二、広大な国土が敗北の原因となったアフガニスタン戦争

一九七九年の一二月、一〇万名を超すソ連軍(現ロシア軍)が、完全な内陸国であるアフガニスタンに侵攻、制圧すると共に傀儡政権を樹立する。

強引に誕生させた社会主義政府に同国民は強く反発、ここに約一〇年間続くアフガニスタン戦争が勃発する。

平均して一二万人前後が駐留したソ連軍に対し、闘いを挑んだのは三〇万人のイスラムゲリラ(ムジャヒディン)であった。

もちろん、保有する武器、装備、兵員の訓練、戦術には大差があり、ソ連軍によるアフガン全土の制圧は簡単に終わると考えられた。

たしかにムジャヒディンの側には航空機、戦車、重火器はほとんど存在しない。

一方、ソ連軍は大量の戦車、装甲車、武装ヘリコプターはもちろん、必要となれば重爆撃機、地対地ミサイルまで投入することができた。

実際、一九八〇年代の中頃にはＴｕ－16爆撃機、スカッドＳＳＭなどがゲリラに向けて使われている。

これらのことからソ連軍対イスラムゲリラの戦闘の結果は、言うまでもなく常に前者の勝利であった。

死傷者の割合はたぶん一対五、場合によっては一対一〇であったと予想された。

しかし――。

それが戦争の勝利に結びつくかどうかは、全く別の問題なのである。

ゲリラ戦士の数は、イスラム諸国からの義勇兵の到着もあって毎年確実に増え、反対にソ連軍の死者も減ることはない。

唯一、ソ連軍がアフガニスタン完全制圧を果たすためには、駐留軍の兵員数を五～一〇倍に増すことしかなかった。

たしかにソ連赤軍には、それだけの兵員の余裕があったが、実質的には最後まで実現せずに終わっている。

この理由はどこに求めるべきであろうか。

それこそ補給、輸送能力の不足であった。

まずアフガニスタンは日本の一・七倍の面積を有する。

そしてソ連・アフガンの国境から、激戦地の南部カンダハルまで一八〇〇キロもある。

またこの国には鉄道は全くなく、大型車両が通行可能な道路もきわめて少ない。

その道路もほとんどが非舗装であるから、輸送効率はとてつもなく低い。はっきり言えばアフガンの交通事情は最悪なのであって、この意味から重装備を誇るソ連軍にとって全く不利な状況であった。

もちろん、重要な物資の輸送は航空機によって実施されたが、この費用は天文学的なものとなった。

運搬費はトラック輸送の数倍となるはずである。

アフガンは石油を産しないから、航空機の燃料は往復分搭載しなくてはならない。

こうなると輸送の主力はトラックとなるが、数十台から構成される車両コンボイには大きな弱点が存在した。

ともかくその長さは短くても一〇〇〇メートル、大規模コンボイともなれば数キロにも及ぶ。

まさに巨大な蛇といったイメージであって、攻めるに易い形なのである。

例えば狭い山道で戦闘の車両が動けなくなると、コンボイ全体が停止してしまう。

これこそ攻撃する側の思うツボで、車両にあるいは砲弾を、あるいはロケット弾を射ち込むことが可能なのである。

当然、コンボイは武装ヘリ、ＢＴＲ60装甲車といった護衛／エスコートが随伴するが、それでもすべての攻撃を阻止することは難しい。

前述のカンダハル周辺、首都カブールとソ連国境を結ぶサラン峠などでは、ゲリラの攻撃

アフガニスタン戦争で大量に使用されたウラル・トラック

によって破壊されたトラックの残骸が数キロにわたって続くという惨状が見られたのである。

これらの事実からアフガニスタン戦争は、イギリスの軍事雑誌がいみじくも名付けたごとく、『トラックの戦争』とも呼ばれることになった。

これはベトナム戦争を『ヘリコプターの戦争』と呼んだのと、対比しての呼称であった。

アフガニスタン戦争におけるソ連軍の戦死者は約一・五万名、失われた航空機は五〇〇機といったところであろうか。

しかしながら、トラックをはじめとする車両の損害は、数千台に及んだものと思われる。

同時に積荷のほとんども、あるものは灰燼に帰し、ある物は戦利品としてゲリラの手にわたった。

このような状況を知ると、ムジャヒディンが正面切ってソ連軍に戦闘を挑む必要のなかった事実がわかろう。

強大な前線部隊との戦いはできるだけ回避し、もっぱら輸送コンボイ、物資集積所といったところを襲撃すればよい。

これらであれば敵の反撃は強いとは言えず、逆に大きな損害を与えることができ、うまく運べは大量の戦利品を手にする可能性もでてくる。

逆にソ連軍の側から見ると、苦労して一〇〇〇キロの距離を運んできた物資が、目の前で消滅していくのであった。

アフガンに侵攻を決断したソ連政府首脳、赤軍上層部は、
この国の交通事情
陸上輸送の困難さ
をほんの少しでも調査、検討したのであろうか。

ソ連軍は一九七〇年代のはじめから、軍事顧問団を送り込んでいたから、全く気づかなかったとは思えない。

鉄道のないこと、道路事情が最悪なこと、国土がかなり広大なこと、現地での燃料の確保ができないことなど、侵攻以前にわかっていたはずである。

それにもかかわらず、強引に兵を進め、自軍の兵士に加えて、現地の住民にも犠牲を強いた。

そのあげく、ひとつとして目的を達成できず、一〇年目にはむなしく岩山と砂漠からなる、イスラム教徒の住む隣国からの撤収を余儀なくされる。

さらにはこの失敗が、国民意識の改革をうながし、ついにはソ連邦の崩壊にもつながっていくのであった。

近代、現代の戦争にもっとも必要なもの〝補給とその手段〟こそ、自衛隊をふくむすべての軍隊にとってもっとも研究すべき課題であることを強調しておきたい。

インパール作戦を立案した日本陸軍の高級指揮官たちの無能は、いくら記したところで意味のないような気がする。だいたいにおいて、この作戦の目的自体があまり必要とは思われないからである。陸軍の士官学校、陸軍大学の講義の内容が本質的に誤っていた、というのが事実であろう。

一方、ソ連軍では、アフガニスタンという辺境の地への補給がこれほど困難だとは、予想もしなかったことが敗北を招いた。

自衛隊について、補給の問題をどのように論じているか、知りたいところではある。

●得られる教訓

戦争だけではなく、ビジネスの分野でも、補給および後方支援体制の重要性を最大限考慮しなければならない。

現在ではこれらをもう少し広くとらえ、ロジスティックスと呼んでいる。

またより進んだ、日本最大の企業トヨタなどが取り入れている〝ジャスト・イン・タイム〟方式が流行しているが、これについても検討が不可欠と言えよう。

15 なぜこれほど駄作ばかりなのか
——大戦中のイギリス戦車開発

第一次大戦中に戦車という新兵器を開発したのは、イギリスである。そして一九一八年の休戦までに巨大な菱形《ひしがた》戦車を、なんと一万台以上製造した。また二十数年後の第二次大戦では、次々に新型戦車を開発している。

しかしそのすべてが、ドイツ、ソ連、アメリカ陸軍などと異なり、見事に駄作ばかりであった。ここでは優秀な軍用機、艦艇を誕生させていたイギリス工業界の、戦車造りについて検証する。

前述のごとく動く陸上砲台とも呼ぶべき戦車という兵器を誕生させたのは、間違いなくイギリスである。それも陸軍ではなく、海軍であった。

海軍はおりしも発達が著しい内燃機関を用いた戦闘車両の開発を陸軍に提案したが、元来保守的な陸軍は、この採用に無関心であった。

そこで海軍は独自に製造、これを見て斬新な兵器であることを知った陸軍は慌てて大量生

世界最初の実用戦車Mk1 雄型

産に乗り出した。

このさい、防諜上の理由から、貯水槽（タンク）を製造していると発表していたので、ここからＴＡＮＫという言葉が生まれたのである。

第一次大戦の後半、イギリスはソンムの戦場にこの菱形戦車二〇〇台を投入し、攻勢に出た。それまでこのような鋼鉄の怪物を見たことのなかったドイツ軍は、一〇キロにわたって退却し、膠着していた戦線にへこみができた。

それにしても重さ一〇トン、乗員七、八名という車両を、一度に二〇〇台も本土から遠く離れた戦場で使用するという、イギリス軍の工業力、輸送能力には驚かされる。

なぜなら日本陸軍がのちのノモンハン事件（一九三九年）のさい、同時に運用したのが九〇台であり、これがわが国の軍隊が一度に実戦に投入した最大数なのであるから。

しかしこの雄型（大砲装備）および雌型（機

関銃装備）と呼ばれた菱形戦車はあまりに大きく、すぐに砲兵の目標になってしまい、さらに故障が多くその能力は限定されていた。

またドイツ軍はまもなく鹵獲したイギリス戦車を参考に、箱型の戦車を製造している。これはフランスも同様で、当時、西部戦線と呼ばれた戦場には、多数の巨大な戦車が這いずり回ることになる。

速度がせいぜい一〇キロ程度なので、疾駆するというより先の〝這いずり回る〟の表現の方がふさわしい。

主砲（ポンド）	最高速度（km／h）	最大装甲厚（mm）
2	50	24
2	45	76
6	50	76
17	50	102
17	47	101
2	27	102
6	35	102
6	24	65
17	40	152

このころフランスに、小さな車体に回転式の砲塔を持ったルノーFT戦車が登場し、これが近代戦車の基本形となった。

さてそれから二〇年の歳月が流れ、平和の日々を送っていたフランス、ドイツなどの西ヨーロッパにも再び戦

大戦中の主なイギリス戦車

	登場年度／記号	種別	重量(t)	出力(馬力)
5型 カビナンター	1940／A13	巡航	18	300
6型 クルセーダー	1941／A15	巡航	18	340
8型 クロムウェル	1943／A27	巡航	28	600
チャレンジャー	1944／A30	巡航	32	600
コメット	1944／A34	巡航	33	600
2型 マチルダ	1940／A12	歩兵	27	350
7型 チャーチル	1941／A22	歩兵	39	350
3型 バレンタイン	1942／なし	歩兵	27	170
センチュリオン	1944／A41	中戦車	36	620

雲が立ち込める。台頭したナチス・ドイツが、積年の屈辱を晴らすべく、この地の勢力拡大を狙って動き出したからである。

そして一九三九年九月、ドイツ、イギリス、フランスなどが互いに宣戦を布告し、第2次大戦が幕を上げるのであった。

この直前の情勢を受けて、先に掲げた三ヵ国は、戦車の開発に力を注ぐ。この動きは申し合わせたように一九三七年からであった。

フランスはルノー、オチキス、ソミュアといったメーカーが次々と新型を生み出していたが、当時の同国は完全共和制を取り入れ、それぞれに自由に設計規格を任せていた。このためそれなりの性能を持ったルノーR35、オチキスH39、ソミュアS35などが送り出されたものの、部品の互換性もなく、稼働率は低いままであった。

そのこともあって一九四〇年の五月、ドイツとの間に本格的な戦闘が始まると簡単に撃破されてしまった。その後フランスはわずか四〇日間で、ドイツに降伏するのである。

この戦いにおけるドイツの機甲部隊は、1号、2号、3号戦車を持って戦った。その強みは速度と信頼性に優れ、さらに電撃戦という新戦術に支えられていた。いずれの車両も性能的には平凡であったが、集団で投入され、速度優先に加えて、急降下爆撃機との連携は見事で、数から言えばほぼ同じのフランス戦車を容易に撃滅してしまったのである。

この状況を知り、イギリスの技術陣は、1型マチルダ歩兵戦車を皮切りに、信じがたいほど多数の新型戦車を誕生させる。しかしそれらのすべてに根本的な問題があった。

それは、

1：防御力、2：攻撃力、3：機動力の順序を重視した歩兵戦車

1：機動力、2：攻撃力、3：防御力の順序を重視した巡航戦車

と明確に区分して開発、配備したことである。列強のみならず、世界の陸軍のすべてを見渡しても、このように分類された戦車を揃えた軍隊は、イギリス陸軍以外に存在しない。

せいぜい軽戦車、重戦車と分けているのみなのである。大戦中に同国で整備された車両は

すべてこの例にならい、実に歩兵戦車五種、巡航戦車に至っては九種類も開発された。これにはいわゆるファミリー／派生型である自走砲、戦車回収車などは含まれていない。巨大な生産力を誇るアメリカでさえ、主力戦車の車種はM3リー／グラント、M4シャーマンだけと言ってよい。それをイギリスはなんと一四種類も作ったのである。戦争となれば、兵器の種類を絞り、その分台数を揃えるのは常識である。この同国の戦車の種類、要目、性能を別表に掲げるが、呆れるほど似たような車両を造り、しかもそれらは別々な戦車なのであった。

またこれ以外にもイギリス陸軍の戦車の設計思想には、問題山積であり、大戦の最後までこのことが機甲部隊の弱点になっていた。

一、歩兵戦車と巡航戦車の装甲厚：八〇ミリ／四五ミリ　速度：毎時二五キロ／四五キロとどちらも大きな差があって、共同の運用は難しかった。

二、懸架装置に統一性がなく、転輪が一種類の車種（クルセーダー巡航戦車など）、二種類（バレンタイン歩兵戦車など）、小さな転輪が一〇～一二個も並んだ車種（チャーチル歩兵戦車など）を合わせて八種類に及んでいる。とくに小転輪の並ぶ形式の車両は、当然であるが踏破性に劣っていた。

三、砲塔に被弾径始（装甲板に傾斜、あるいは丸みを付けて敵弾をそらせるための工夫）が付けられていない車両が多かった。なかでもセントー／クロムエル巡航戦車などすべての装甲板が直立していた。この時代の列強の戦車では、すべてこのシステムが用いられているのに、なぜかイギリスだけは旧態依然のままだったのか。

角型の砲塔を持ったクロムウェル巡航戦車

ここまで記しただけでも、イギリス戦車の設計の古さがわかる。

さらに特筆すべき事例がある。それは5型巡航戦車カビナンターで、本車は一九三九年に制式化され、一七七〇台も製造されていながら、全く実戦には参加していない。新設計であるのに、エンジンの冷却機構に欠陥があり、満足に走れなかったと伝えられている。

そのためそのほとんどが操縦、整備の教材として使われただけであった。試作車両ならいざ知らず、制式採用されているのにもかかわらずこの惨状である。この国の戦車開発の失敗をなによりも明確に物語っているのではあるまいか。

ともかく一九四四年初夏、大陸反攻の大作戦が実行に移されようとする時期になっても、同陸軍には主力となるべき戦車は存在しなかった。そのためアメリカが開発したM４シャーマン戦車を、国内において急いで六〇〇台製造することになる。また完成品のシャーマンも多数が供与された。

これはファイアフライと呼ばれて、フランスの戦いで活躍するのである。

終戦間近になり、ようやくイギリス戦車の決定版A41センチュリオンが誕生する。本車は最初に巡航戦車と呼ばれていたが、この区分け自体が時代遅れということから、中戦車、のちには主力戦車MBTとなる。

といってもセンチュリオンの開発、製造、配備は遅れに遅れ、戦線に送られたのは終戦直前となってしまった。

日英の戦車製造数

イギリス		
2型マチルダ	歩兵戦車	2990台
3型バレンタイン	〃	6860
4型チャーチル	〃	5600
6型	軽戦車	1260
4型	巡航戦車	660
5型カビナンター	〃	1770
6型クルセイダー	〃	5300
クロムウェル	〃	2000?
コメット	〃	900
ファイアフライ	—	770
		計28100
日本		
95式ハ号	軽戦車	2400
97式シリーズ	中戦車	2200
		計4600

このためドイツ本土でも5号パンター、6号ティーゲルといった強力なドイツ生まれの猛獣と対決する機会はなかったのである。

しかしこのMBTによって、イギリス陸軍はようやく列強の新型戦車に匹敵する戦闘車両を手にすることができたのであった。

航空機においては運動性に優れたスピットファイア戦闘機、万能の双発機モスキート、防御力に優れたランカスター爆撃機といった傑作機を多数生み出したイギリスの工業界。

しかし陸軍の中心勢力である戦車について、その開発は失敗続きで、まともな車両はひとつとして造ることができなかった。

ドイツ、ソ連、アメリカの状況と比較して、恥ずかしくなるような状況であった。

この理由を分析したいのだが、あまりに劣っていてその原因を突き止めることが難しい、としか言いようがない。ひとつ言えることは設計技術者たちの研究（というより勉強か）不足で、戦争中期の先の三ヵ国の新型戦車を見れば、いかに自国のこの分野の技術が遅れていたか、すぐに分かったはずなのであった。

●得られる教訓

専門家といえども、日頃の勉強、研究の不足はのちに恐ろしい結果をもたらす。

さらにこのような失敗の責任を、誰も取ろうとしなかった事実はさらに恐ろしく感じる。

教訓としては「たとえ専門家であっても、その知識は必ずしも信用できない」ということなのであろうか。

16 あまりに甘かった詰め

――ダンケルクからの撤退を阻止できず

枢軸側から見て、第二次大戦における最大の失敗はなんだったのだろう。もちろん識者、研究者によっていくつかの意見はあろうが、ここでは一九四一年六月初旬のフランスの英仏海峡沿いの海岸ダンケルクに注目したい。

ナチス・ドイツ軍は、フランス戦で敗退し、英仏海峡からイギリス本土への撤退を図る英仏軍三〇万名を完全に包囲しながら撃滅に失敗。これがのちにドイツの敗戦に繋がったのである。

第二次世界大戦は一九四一年九月一日、ドイツ軍のオランダ、ノルウェー侵攻で開始されたが、その後約八ヵ月にわたって奇妙な静けさが続いていた。

いくつかの小競り合いがあり、ドイツ海軍の艦艇数隻の喪失があったものの、陸上、航空戦闘は小規模であり、もしかするとこのまま休戦になるかもしれないとする意見も出始めていた。

しかし翌年の五月、大きな戦力のドイツ軍が機甲師団を先頭にベルギー、フランスに雪崩れ込む。

この地区には史上最強の要塞ベルトといわれたマジノ線が存在していて、フランスをドイツから守っていた。これをドイツ軍が突破するのは、物理的に不可能であった。

ところがドイツ軍は、マジノ線の北方に広がるアルデンヌの森を通過し、北東側から攻撃してきたのである。フランスにとって十数年の歳月、莫大な労力、フランスの国家予算の三分の一を費やしていながら、この要塞群は何の役にも立たなかった。

侵攻してきたドイツ軍と、兵員数ではほぼ同数だったフランス軍ではあったが、戦車、装甲車を駆使する敵軍には全く対応できず、歴史的敗北を喫する。

なおこの地の戦いには、約三〇万名のイギリス大陸派遣軍も参加している。

前年の秋以来、ドイツの脅威を感じとっていたイギリスのチャーチル首相は、ゴート陸軍大将を指揮官とする九コ師団をフランスに送り込んでいた。これには、少数ながら新鋭のマチルダ歩兵戦車を含む六三〇台からなる機甲部隊も含まれている。

このためフランス国境で大規模な戦闘が勃発したとしても、フランス軍一〇〇万名プラスイギリス軍三〇万名となり、ドイツ軍の一〇〇万名に充分太刀打ちできると思われたのである。

実際、兵員、戦闘車両、航空機など、すべての戦力は数の上でドイツ側を上回っていた。これにマジノ線の防御力を考えれば、英仏軍の体勢は万全であった。

しかし五月一〇日ごろから開始された五コ装甲軍からなるドイツ軍の攻撃は、まさに凄まじいものであった。新戦術〝電撃戦〟で、次々と南に位置するフランス軍はもちろん、北方のフランス派遣イギリス軍を撃破していった。

電撃戦とは、砲兵に頼らず、機甲部隊、機械化歩兵が、目標に向かって突進するもので、これを多数の急降下爆撃機が支援する。

ドイツの若い将軍たちが研究していたこの戦術は、マジノ線に頼り、また陣地を死守しようとする旧弊のフランス軍を完全に蹂躙した。

わずか一〇日後、フランス軍の首脳部の一部は、敗北を認めるほどであった。

ベルギーとの国境線に配備されていたイギリス軍もフランス軍の敗走に引きずられて、英仏海峡方面に退却せざるを得なかった。

わずかに重装甲を誇るマチルダ戦車が、何台かのドイツⅡ、Ⅲ号戦車を破壊したが、戦局を変えることはできなかった。

このあと月末に至ると、フランス軍の主力は各地で降伏し、その残存兵力とイギリス軍は必死で海岸に向かった。

そこでダンケルク地区に応急の橋頭堡を構築し防衛を試みる。しかし重火器、車両などは先の戦場に放棄してきたので、全滅は時間の問題とみられた。

英仏海峡を挟んでこの窮状を目の当たりにしたイギリスは、包囲された自軍約二七万名とフランス軍一五万名の救出に乗り出す。

ドイツⅢ号戦車

この文字どおり背水の陣からの撤退は、ダイナモ作戦と名付けられた。すでにドイツ軍の装甲軍団は間近に迫り、時間はあまり残されていない。

作業が遅れれば、英仏の四〇万名を超す兵員が死傷するか、捕虜になってしまう。イギリスは、海軍の艦艇部隊は当然として、漁船やヨットまで動員して友軍を救い出そうとする。

それでもドイツ軍の橋頭堡攻撃は、すぐにでも始まろうとしていた。

ところがここで世界の歴史を変えたという表現もできるほどの〝奇跡〟が起こる。

ダンケルクのわずか十数キロ手前で、ドイツ軍が停止したのである。

あと二、三日で西ヨーロッパにいる英仏軍のすべてを壊滅させることが出来る、という状態で、なんという判断であろう。

この停止の最大の理由は、空軍の総司令官ゲーリングが空軍力だけで敵を撃滅可能、さらに撤収、退却のためにやってくる船舶をすべて沈めることができる、とヒトラー総統に進言したからと伝えられている。

そのほか、長距離を侵攻してきた戦車隊に燃料が不足したこと、包囲を続ければそれだけで海岸の英仏軍が降伏する可能性があったこと、などである。

それはともかく六月初め、ドイツ軍は勝利の一歩手前で進撃を停止したのであった。

思いもよらぬ僥倖に助けられたイギリスは、ダイナモ作戦を強化し、〝水に浮かぶものならなんでも〟ダンケルク、そしてその近くのヌーポールといった海岸に送り込む。

急降下爆撃機の的になるという恐れから、巡洋艦以上の艦艇は参加せず、旧式駆逐艦、フェリー、漁船、ヨットなど民間船も多数参加している。

その数は六月の最初の五日間で一〇〇〇隻を超えている。この周辺の英仏海峡の幅はわずかに五〇キロ前後であり、多くの船舶は一日に二往復することができた。

これを知ったドイツ空軍ルフトバッフェは二〇〇機の爆撃機を出動させて、英軍の陣地を攻撃した。しかしこれによる損害は案外少なかった。多くの爆弾が砂浜に落下し、不発に終わったからである。

さらにイギリス戦闘機が、ダイナモに参加している舟艇を掩護した。このことがあって、撃沈された船も数十隻にすぎなかった。だいたい、動き回る小さな船に爆弾を命中させることは急降下爆撃機にとっても難しい。もちろん英仏軍の兵士も無傷ではすまなかったが、死傷したのは一〇パーセント以下といわれている。

イギリス軍の脱出阻止に失敗したハインケルHe111爆撃機

結局、二五万名のイギリス兵、一二万名のフランス兵、少数のベルギー兵、民間人など合わせて四〇万名がイギリス本土へ逃れたのである。たしかに大量の軍需品、大型兵器はすべて失われたものの、フランス派遣軍のイギリス兵の大部分は、祖国の土を踏むことができた。

これはのちに〝ダンケルクの奇跡〟と呼ばれた。さらに撤退の主役となった民間船には、イギリスが勝利した後、〝名誉海軍〟の称号が与えられている。

逆にドイツ軍の側に立つと、この戦いは最大の失敗と考えられる。

もしこの場所で二五万名のイギリス兵を撃滅、いや捕虜にすることができていれば、偉大な勝利と言えよう。

しかも相手は急造の陣地に籠り、重火器、戦闘車両もなく、弾薬、食糧も不足していたのだから、その壊滅はきわめて容易であった。

大言壮語の癖のあるゲーリング元帥の言葉を信じた最高指導者ヒトラーは、あまりに愚かであったというしかない。なにしろ強力な機甲部隊がわずか五〇キロまで近づいていながら、動かなかったのだから。

この大戦における最大の失敗に関して、ドイツ軍の上層部にはこれといった反省の言は見当たらない。この理由は失敗の重大さを理解できなかったのか、あるいは理解していながらヒトラーとゲーリングの怒りを恐れるあまり言及しなかったのか、今となってはわからないままである。

ダンケルク　1940年5月10日〜6月4日

	イギリス側	ドイツ側
総兵力	40万名	80万名
戦死者	2万1000名	1万1000名
負傷者	1万2500名	8500名
捕　虜	3万名	なし
軍艦の喪失	駆逐艦6隻	なし
小型船の喪失	数十隻？	なし
航空機の喪失	118機	102機
車両の喪失	200台	150台

注：40万名の内訳
イギリス兵23〜25万名、フランス、ベルギー兵12万名、フランス兵の家族、政府関係者など

他方、フランスの戦いで経験を積み、本土に逃れることに成功した兵士たちは、四年後同じ月に行なわれた大反攻作戦オーバーロードの中心となった。

彼らはフランスにおける敗北を胸に刻み、今度は自国の勝利を確信して、イギリス側から英仏海峡を渡っていったのであった。

イギリスにとっては神の奇跡、ドイツ側からみれば最大の失敗が、このダンケルクを巡る出来事の結果である。

そこで言えることは、大は戦争から、小は我々の人生において、途中まで順調な成功を得ていながら最後の最後で詰めが甘く、大魚を逸してしまうことの恐ろしさである。これはやはり肝に銘じておくべきであろう。

それまで歴史にまったく現われていなかったダンケルクという無名の砂浜は、その事実を如実に残しているのであった。

ところで、ここからはすこし見方を変えて、もしドイツ軍の地上部隊が攻撃を続行して、イギリス兵二五万名を捕虜にした場合を考えてみよう。

あまりに数が多いので、イギリス側はこの捕虜の解放を条件に、ナチス・ドイツによる暫定的なフランス支配を認めた可能性も無視できない。

ともかくこのさいイギリスとドイツとの間で、休戦条約が結ばれたとしてもおかしくはないような気もしている。

そうであればその後、ヨーロッパの歴史は、現実とは大きく異なり、案外早期の平和の到来さえ予想できるのである。

歴史に〝ＩＦ〟は禁物と言われるが、このような別の世界を想像してみることも、楽しみのひとつと言えよう。

●得られる教訓

それまで多くの努力をし、大きな成功を収める寸前まで来ていながら、最後の〝詰め〟に失敗するとすべてを失うということである。

古いことわざだが、〝百里の道も九十九里をもって半ばとす〞はやはり正しいのである。

17 シーレーン防衛の重要性
——イギリス海軍と日本海軍

島国イギリスは第一次世界大戦（一九一四〜一八年）のさい、ドイツ海軍の潜水艦Uボートによって海上交通路を遮断され、大きな痛手を受けた。

しかし休戦と同時にその苦しみは全く忘れられ、二〇年後の第二次大戦を迎える。先の大戦における苦悩と失敗を分析し、対策を立てることをしなかったつけはすぐに現われ、ふたたびイギリスは、同じ敵国の同じ兵器による同じ戦術に痛めつけられることになる。

日本とイギリス。どちらも大陸に近い位置にある島国である。一九四〇年代には両国の経済力、軍事力とも充分に充実し、いわゆる列強の一員を構成していた。

しかしその反面、島国であるので、産業の原料、液化燃料、食糧などは輸入に頼らなくてはならなかった。

となると戦争に突入したときには、シーレーン／海上交通路の安全確保が必須の条件となる。

この稿では日英両国のこの問題を取り上げる。

一九〇四～〇五年の日露戦争において、まだ登場していなかった潜水艦という兵器は、その一〇年後に勃発した第一次世界大戦では、恐ろしいまでの威力を発揮する。とくにドイツ海軍によって運用されるUボートは、一時的ながら大英帝国の息の根を止める寸前まで、海上交通路を遮断するのであった。

当時のUボートは、排水量わずか六〇〇トン程度の小型の潜水艦で、航続力も極めて貧弱であった。したがってその活躍はほとんどの場合、イギリス本国周辺の海域に限られていたのである。

しかし実戦に参加してまもなく、航続力は向上し、地中海でもイギリス船を襲うまでに成長する。

イギリス海軍はそれまで潜水艦という新兵器の存在について知ってはいたものの、その威力は疑問視されていた。

ところがいったん戦争が始まると、Uボートの活躍は目覚ましく、三隻の一万トン級の装甲巡洋艦が一夜にして沈められるという悲劇も生まれている。

もちろん軍艦と比べて速力も遅く、動きの鈍い商船、輸送船の類は、絶好の目標となり、次々と失われていった。

その結果を別表に示す。

第一次世界大戦は五二ヵ月にわたって続いたが、イギリスはこの間に約六〇〇〇隻の軍艦

第一次、第二次大戦におけるUボートの脅威

	第一次大戦	第二次大戦
戦争の期間	52ヵ月	70ヵ月
開戦時のUボート数	30隻	52隻
戦争中の建造数	344隻	1130隻
損失数	192隻	890隻
Uボートの平均排水量	550トン	800トン
イギリス商船の損失数	約5300隻	2830隻
イギリス商船の損失総トン数	1100万トン	1570万トン
イギリス軍艦の損失数	約600隻	不明
イギリス本国の危機	1917年11月	1941年12月

と商船をUボートの攻撃によって失っている。一方で一九〇隻のドイツ潜水艦を沈めているが、交換の比率は三〇：一で、信じられないほどの損害であった。

イギリスのシーレーンに対する妨害は、ドイツの水上艦によっても行なわれたものの、この分野の戦力はイギリス側が圧倒的であったので、ほとんど効果はなかった。

Uボートの跳梁に悩んだイギリス海軍は、当時同盟の関係にあった日本へ護衛艦の派遣を依頼するほどであった。

これに応えて日本海軍は、巡洋艦、駆逐艦からなる小艦隊を、わざわざヨーロッパに派遣している。

それにしてもイギリスが、Uボートという兵器によって被った損害はとてつもなく大きかった。別表のごとく、総トン数一万トンに相当する商船が一一〇〇隻も沈められたのである。

なにしろ潜水艦を探知する手段は、初歩的な音源探知しかなく、それを発見して攻撃する兵器は軍艦の両側、また後方に投射される爆雷しかなかった。さらに輸送船団の隊形、護衛艦の配置などもまったく研究されることはなく、これがUボートの活躍を許してしまったの

第一次大戦のUボート

であった。

それでも一九一八年、戦争そのものが、形は休戦ながら実質的に勝利に終わり、イギリスは美酒に酔うことができた。

しかし本来ならこの時点で、海上交通路の安全確保に関して、得られた貴重な戦訓というものをじっくり見直し、かつ研究すべきであったのである。

それをしなかったことが、一九三九年から再び勃発した大戦争で、同じ悲劇を招くのである。

第二次世界大戦は一九三九年九月に幕を開けるが、同時に多数のUボートによるイギリスの輸送船団に対する攻撃が始まった。この状況は先の戦争と全く同様である。

開戦時には五〇～六〇隻にすぎなかった灰色に塗られた海の狼たちはすぐに数を増し、イギリス本土の孤立化に向けて動き出した。

またドイツ海軍は、乳牛（カウ）と呼ばれる補給用の潜水艦を送り出し、これによりUボートの行動半径、作戦可能期間は大幅に広がった。

次々に撃沈される商船、輸送船に、イギリス海軍の護衛艦は右往左往するばかりで、損失はうなぎのぼりであった。

その最悪の時期は戦争の勃発から二年あまり後で、このころには国民に配給する食糧の不足が懸念されたほどである。

先の大戦から、この分野の戦いの教訓を学び取っていなかったイギリス側の失態が、明らかになった。

船団護衛戦というものの重要さが、この時点でようやく認識されたのである。

最大の失態は、護衛艦が前方に投射可能な対潜兵器を持たなかったことに始まり、主要な兵器である爆雷も二〇年前のものから全く進歩していなかった。

加えていろいろな難問が山積し、国の存在すらあやうくなってしまった。

ここにきてようやくイギリスは重い腰を上げ、船団の安全確保、そしてUボートの撃滅に乗り出す。それらは、物理経済学ORによる効率的な船団の編成、新型の前方投射兵器と涙滴型の爆雷、高性能の音波探知機とレーダーの開発、長距離飛行可能な対潜哨戒機の投入などである。

加えてアメリカから旧式の駆逐艦五〇隻を借りうけ、護衛戦力として活用する。これにより戦局はすこしずつ好転し、それまで大西洋を我が物顔で跳梁していた海の狼たちも、少なからずその行動を制限されるとともに、損害も増えていった。

この総合的な対策が効を奏しUボートによる危機から二年もたつと、イギリス向けの船団はほとんどすべてが無事に目的地に到着する状況になった。

しかし考えてみれば、第一次大戦が終わった時点で、これらの対策のほとんどは可能だったはずなのである。

個々の兵器の性能は充分でないにしても、護衛艦の増強、前方投射兵器、流線型の爆雷などを研究し、それらを準備する時間は充分にあった。

それにもかかわらずイギリス海軍の軍人、関連の技術者がこれを忘れた代償は、今次大戦における一五七〇万トンの船舶の喪失になって表れたのであった。

それでもイギリスは、アメリカの援助を受けたこともあって、戦争の後半になると自国のシーレーンを守ることに成功した。

他方、似た状況下の日本の場合は、あまりにも惨めというしかない。海軍は最初から船団護衛というものに関心を示さず、自国の商船が次々とアメリカ潜水艦の餌食になっているにもかかわらず、一度として真剣に対策を考えようとしなかった。戦時における船員の死亡者数は、軍艦の乗員のそれを上回っているほどなのである。

自己完結型のアメリカ合衆国と異なり、海上輸送路の安全確保が、大日本帝国の生命線である事実は子供でもわかろう。東南アジアから運ばれる石油一つをとってみても、これなくして近代的な軍隊は戦うことはできない。

これをないがしろにしたつけは、別表にみられるように恐ろしい結果を招いた。

船団護衛の手法が第一次大戦当時とほとんど変わらなかったため、アメリカ側は容易に日本の船団を、いやそれどころか護衛艦さえを易々と撃沈している。

またアメリカ潜水艦の損害は日本側の四割以下で、戦果（撃沈した総トン数）は二〇倍なのである。しかも終戦の年には、日本本土を完全に近い形で封鎖し、シーレーンの存在そのものも許さなかった。

この事実を知るとき、現在の海上自衛隊も海上保安庁と共同して、なにかの形で勃発した有事のさい、わが国の商船を守る訓練が早急に必要なのでは、と痛感する。

最近こそ多少風向きがかわりつつあるが、どうも海自と海保は互いに〝われ関せず〟といった態度に終始していた。

太平洋戦争における潜水艦戦の結果

	軍艦	商船
日本側の戦果	11.5万トン	25.2万トン
アメリカ側の戦果	57.7万トン	505.3万トン
比率　アメリカ／日本	5倍	20倍
日本潜水艦の損失185隻 アメリカ潜水艦の損失74隻		

少々大袈裟だが、国民の安定した生活を守るため何をすべきか考えるのは、たんに政治家の仕事ばかりではないのである。

●得られる教訓

なぜ軍人という人種は、先の戦いの貴重な教訓を真剣に学ぼうとしないのであろうか。平時においてこれを学び、研究し、しっかりとした対策を講じておけば、次の紛争、戦争における犠牲と損害を大きく減らすことになるのである。

これは我々の人生でも全く同じで、常に過去の失敗を見直し、勉強し続けることこそ、成功への道筋なのである。

18 まさに大魚を逸す
——第三次ソロモン海戦・第二次戦闘における日本艦隊

太平洋戦争において、日本海軍は一二隻の戦艦を擁して戦い続けた。これに対してアメリカ海軍は、数え方にもよるが二五隻を配備していた。

最終的に日本側は長門一隻を除いて一一隻を失ったが、アメリカは真珠湾の損害を除けば喪失したものは皆無である。そのような状況の中で、日本海軍にアメリカ戦艦を沈めるチャンスはなかったのであろうか。

昭和一六（一九四一）年一二月、大日本帝国はアメリカ、イギリスなどに宣戦を布告、太平洋戦争の勃発となった。その後半年間、日本軍は破竹の進撃を続け、翌年六月のミッドウエー海戦の敗北を別にすれば、勝利の連続であった。

しかし八月に入ると、南太平洋のガダルカナル島を足場に、アメリカの反攻が本格化し、以後激しい戦いが南の美しい空と海を舞台に、繰り広げられることになる。

このころからアメリカは本腰をいれて戦力の増強に取り組み、あらゆる面で日本軍を圧倒していく。実際にこの年の終わりには、戦局はすでにアメリカ有利となっていた。

ところでこの頃のガダルカナルを巡る戦闘では、地上戦、航空戦、空母機動部隊同士の戦いに加えて、両軍の水上艦隊も死闘を演じている。

日本海軍は二隻の高速戦艦を失っているが、アメリカ側も多数の巡洋艦、駆逐艦が撃沈されている。

ここではこのような海戦のなかから、もっとも激しかった第三次ソロモン海戦（第二次戦闘）を見ていくことにしたい。

なぜならこの戦いは、太平洋戦争のなかでも、ある意味、もっとも特異な状況にあったからである。

これを詳細に分析すれば、なにか我々の生き方にも繋がる教訓が得られるような気もしている。

ただその前に、空母とともに海戦の主役である戦艦について説明しておく。

わが国の大和、武蔵のごとく、大型で頑丈な船体に複数の巨砲を搭載し、敵艦を沈めることを目的とする戦艦という艦種が世界の海から姿を消して久しい。

大戦では日本海軍一二隻、アメリカ海軍二五隻の戦艦が太平洋を疾走した。

しかし戦争が幕を閉じるまで、一二隻のうち一隻（長門）を除いて、一一隻は沈没あるいは大破、着底となっている。その説明を別表に示す。

つまり日本戦艦は航空攻撃で五隻、潜水艦により一隻、水上艦の攻撃で四隻が沈められており、このほか陸奥が爆発事故で沈没、長門は中破の状況で生き延びた。

つまりアメリカ軍は大和、武蔵など一〇隻の日本戦艦を撃沈したことになる。

それに対して日本海軍は、なんとも残念だがまったくアメリカの戦艦を沈めていない。

それでは、そのチャンスは一度として到来しなかったのであろうか。日露戦争以来、日本海軍はそのために兵器を開発、装備し、訓練を積んできたはずなのである。

ここから話は第三次ソロモン海戦の話に戻る。そして前述の唯一のチャンス、あるいは撃沈の可能性を論じたい。

ガダルカナルを巡る水上艦同士による幾多の海上戦闘は、世界の海戦史上でも極めて珍しい形で発生している。

◦戦闘はすべて夜間に勃発した。

◦駆逐艦といった軽艦艇同士の戦いもあったが、戦艦のような大型艦艇も参加している。

◦戦場となったのは大海原ではなく、島々が点在する狭い海域である。

わが国の四国を多少小さくしたようなガダルカナル島の争奪戦は、まさに太平洋戦争中の天王山になりつつあった。

またその中心は、ヘンダーソン飛行場である。ここには合わせて五〇機ほどのF4Fワイルドキャット戦闘機、SBDドーントレス急降下爆撃機が置かれ、日本側の航空部隊、輸送船団に痛打を与え続けていた。

日本海軍はこの航空基地の撃滅を目的として、金剛、榛名、比叡、霧島からなる高速戦艦を投入。艦砲射撃を実施する。

この戦術は、一度は成功するものの、アメリカ海軍は大戦力の水上艦隊を迎撃のために集結、出動させた。

砲撃艦隊と阻止艦隊の衝突は、一九四二年一一月の一二〜一五日に勃発し、両軍ともに大きな損害を出している。これが第三次ソロモン海戦で、一二〜一三日を第一次戦闘、一四〜一五日を第2次戦闘と呼んでいる。

本来なら日付が別になる第二次戦闘を、第四次ソロモン海戦とすべきなのだが、当時の大本営がひとつにまとめてしまったので、本書でもこれを踏襲する。

このさいの両軍の編成と損害を別表に示す。
○第一次戦闘
日本側は戦艦二隻と駆逐艦部隊、アメリカ側は巡洋艦、駆逐艦部隊で迎撃。戦艦比叡と駆逐艦一隻を喪失。ア側は巡洋艦一、駆逐艦四隻が沈んだ。この夜間の戦闘は、他に例を見ないほど激しいもので、アメリカ艦隊を指揮していた少将二名が戦死するほどであった。

一方、日本側もこの戦闘で、戦争が始まってから初めて戦艦を失っている。

このとき比叡はアメリカ側の巡洋艦、駆逐艦の猛烈な砲撃を受け、中口径、小口径の砲弾多数がその司令塔に命中、行動不能になり、結局沈没に至った。
○第二次戦闘
このときの日本艦隊は、戦艦霧島を中心に巡洋艦高雄、愛宕、長良、川内、駆逐艦九隻と、

戦艦霧島

非常にバランスのとれた編成であった。

ヘンダーソン飛行場を守る目的から、アメリカ海軍が投入したのは、戦艦サウスダコタ、ワシントン、駆逐艦四隻となっている。

アメリカ側は連日の戦闘で、多くの巡洋艦、駆逐艦を失っており、戦艦の護衛のために使える駆逐艦はわずか四隻となってしまっていた。

しかし投入された戦艦の質、能力は段違いであった。霧島は大正時代に建造され、一四インチ砲八門を装備している。速力は大きいが装甲の薄い巡洋戦艦とも言えた。艦齢は二〇年近く、旧式の部類に入る。

一方、アメリカの二隻は建造されたばかりの、いわゆる〝新戦艦〟で、サウスダコタ、ワシントンは各々一六インチ砲九門を有し、防御力も当然充分であった。

またこの戦闘におけるアメリカ海軍の闘志は、おおいに評価されなくてはならない。なぜなら貴重な新型戦艦二隻を、夜間、浅瀬も多い多島海に送り込んでいる。つまりどのような損害を受けるかもわからず、さらに座礁の危険さえ考えられる海域であり、加えて護衛の駆逐艦がわずか4隻と不足していても、飛行場を守りぬくための強い意志を持っていた。

この夜、艦砲射撃を開始する寸前、霧島はワシントン、サウスダコタの攻撃を受けた。アメリカ軍の得意とするレーダー射撃ではなく、光学機器によるものである。いくつかの島に囲まれた狭い海域であり、レーダーの使用は困難であった。

先頭にいたサウスダコタは、霧島に命中弾を与えたが、反撃も受けている。

そのうちワシントンも戦闘に参加し、日本側の戦艦はあわせて七発の一六インチ砲弾を受け、行動不能になってしまった。

この間サウスダコタにも霧島からの三発の一四インチ砲弾、高雄、愛宕からの八インチ砲弾数発が命中している。

また戦艦群が砲戦中、駆逐艦もあわせて一三隻が激しく戦い、こちらは日本側が勝利した。実にアメリカ側は三隻沈没、残りの一隻も損傷。これに対して日本側の損害は一隻のみであった。

さてこれから本題に入る。このときのアメリカ側は戦艦一隻（ワシントン）が無傷、もう一隻（サウスダコタ）は中破、そして護衛の駆逐艦は皆無である。一方、霧島は大破し戦闘力を失っていたが、日本側には四隻の巡洋艦、八隻の駆逐艦が無傷であった。

前夜の比叡と同様、中破し、漂流状態のサウスダコタが、目の前にいる。

アメリカ戦艦サウスダコタ

日本軍の巡洋艦、駆逐艦が、果敢に彼女に猛攻撃を実施すれば、撃沈も可能であった。

繰り返すが、夜間である。ワシントンの一六インチ砲は、暗闇のなか高速で接近する駆逐艦を捉えることは不可能に近い。しかも八隻なのである。

さらに重巡洋艦高雄、愛宕、軽巡洋艦長良、川内は無傷である。たしかに中口径、小口径の艦砲ではアメリカ戦艦に致命傷を与えるのは難しい。

しかし日本海軍には、もっとも強力な大型魚雷が、豊富に配備されていたはずである。その数は一隻当たり八基とすると、一〇〇本近い。

これを二隻の敵戦艦に向け至近距離から射ちこむのである。

この九三式酸素魚雷は列強海軍のそれを大きく上回る炸薬を持ち、命中すれば、アメリカ戦艦の一六インチ砲弾を凌ぐ威力を発揮する。

このとき両艦隊の距離は一〇キロを下回り、わずか六キロといった記録もある。このような状況ながら、実際に発射したのは重巡二隻、駆逐艦四隻で、軽巡二隻、駆逐艦四隻は、敵艦を見ていながら何もしなかった。

そのうえ発射した多数の魚雷は、近距離でありながら一本も命中しない。

これでは永くアメリカ海軍を仮想敵として腕を磨いてきた日本海軍の巡洋艦、駆逐艦部隊（水雷戦隊）とは思えぬほどのなんとも惨めな結果であった。

いかに夜間とはいえ、アメリカ戦艦は二隻とも全長二〇〇メートルを超す巨艦である。しかも距離は遠くてもわずか一〇キロ以下。日本側は合計すれば一二隻もいながら、一発の魚雷も命中しないとは、残念というしかない。

日本海軍は、夢に見続けてきたアメリカ戦艦を撃沈するという戦争中の唯一のチャンスを完全に逃してしまった。まさに〝大魚を逸した〟のである。

結局、サウスダコタは、先の戦闘による損傷で中破しながら、ワシントンと共に戦場から去っていった。

三年半におよぶ太平洋戦争中、日本海軍が永く夢見てきたアメリカ戦艦との対決は、全く消化できないままに終わってしまった。

なお霧島はその後沈没。ヘンダーソン飛行場は最後まで健在で、そのあとも日本軍を悩ませ続けた。

第三次ソロモン海戦　1942年11月14〜15日

第一合戦				
	日本艦隊	日本側の損害	アメリカ艦隊	アメリカ側の損害
戦　艦	2隻	比叡沈没		
重　巡			2隻	損傷2隻
軽　巡	1隻		3隻	沈没1隻、損傷2隻
駆逐艦	11隻	沈没2隻、損傷2隻	8隻	沈没4隻、損傷3隻
計	14隻	5隻	13隻	12隻

第二合戦				
戦　艦	1隻	霧島沈没	2隻	損傷1隻
重　巡	2隻			
軽　巡	2隻			
駆逐艦	9隻	沈没2隻、損傷2隻	4隻	沈没3隻、損傷1隻
計	14隻	5隻	6隻	5隻

翌年の一月、ついにガダルカナル島から撤退し、日本軍は南太平洋の覇権を二度と手にすることはなかったのであった。

この第三次ソロモン海戦の結果を表に示す。

この戦闘で、アメリカ側は合せて一一隻の駆逐艦が沈没または損傷で、一時的ながらこの海域から駆逐艦が皆無になるほどの損害を受けた。しかし中型艦以上の喪失はわずかに軽巡洋艦一隻のみであったから、やはり勝利はアメリカ側にあったのである。その根本的な理由は先にも述べたが、いかに危険をともなうとしても、飛行場を守り抜くという、アメリカ海軍の闘志にあったというほかはない。

●得られる教訓

第三次ソロモン海戦の第二次戦闘における日本艦隊の状況は、我々にも重要な教訓を示しているように思える。

人生でもっとも重要な決断を求められるさい、勇気を奮い起こして積極的に前進するか、優柔不断的な生き方を選ぶか、ということである。

この場合は、やはり〝虎穴に入らずんば、虎児を得ず、あるいは闘志なきところに栄光なし〟のことわざどおりと言えそうである。

19 慢心による大損害
——第四次中東戦争におけるイスラエル軍機甲部隊

第三次中東戦争／六日間戦争のさい、イスラエル軍は見事な奇襲により、エジプト、シリア軍を完璧に撃破した。とくにその機甲部隊は、シナイ半島において電撃戦と呼ぶべき戦いぶりを見せている。その結果、戦車、装甲車の損害率は一対二〇以上の勝利であった。アラブ軍なにするものぞ。この戦争の後、これがイスラエル国防軍将兵すべての偽らざる気持ちであったと言える。

しかしいつの間にかこれが慢心に近いものとなり、次の第四次中東戦争では、大きな損害を出す。

古来、ユダヤ民族はヨーロッパおよび西アジアにおける流浪の民であった。

五〇〇万人という多数を擁しながら、定まった母国を持たず、迫害を受けることが多かった。

第二次大戦後、彼らはようやく安住の地をパレスチナに誕生させる機会を得た。まさに有史以来三〇〇〇年の悲願といえたが、その一方、そこに住むアラブおよびパレスチナの住民にとっては、突然自分たちの土地に割り込んできた異教徒である。

これが中東をめぐって、現在まで続く紛争の火種となった。

さらにパレスチナ側をエジプト、シリアを中心とするアラブ諸国が、またユダヤ人をアメリカが支援したため、紛争は複雑な様相を見せることになる。

もともとこれはイギリス、フランス、アラブ、ユダヤ、パレスチナなどが関連するサイクス・ピコ協定によるものだが、このあやふやな内容がのちの混乱を招いたのであった。

しかしそのあとは結局のところ、実力の行使、そして軍事力、人々の闘志とも呼ぶべきものが、現実を固定化させていく。

第一次（一九四八～四九年）、第二次（一九五六年）中東戦争の結果、善悪とは別なところで新しい国家イスラエルが誕生し、その後八年を経て国土は確定されていった。実際にパレスチナに、ユダヤ人の国イスラエルが生まれてしまったのである。

ところでここではイスラエルの建国（第一次）、および勢力拡大（第二次・スエズ戦争）に関しては触れず、第三次（一九六七年）六日間戦争、第四次（一九七一年）ヨムキプール戦争を取り上げる。

この理由は、あくまで中東戦争における失敗論を、本稿のテーマとしているからである。

一九六七年の第三次中東戦争は、別名六日間戦争と呼ばれる。その期間は、同年六月五日の勃発からわずか六日後に休戦に至っているからである。

イスラエルをめぐる第一次〜第四次中東戦争

第一次　1948年5月〜49年6月（途中に2回、休戦期間あり）
ユダヤ人が独立を目指し、ヨルダン、エジプトと戦う。彼らは貧弱な兵器で戦い、多くの犠牲を払いながらも、休戦に持ち込んだ。その結果、イスラエルの建国となった。

第二次　1956年10月〜11月
スエズ動乱とも呼ばれる。エジプトのスエズ運河国有化をめぐり、イギリス、フランス、イスラエル軍が侵攻。軍事的には三者の勝利となる。しかしエジプトは国連の仲裁によって、運営権を手に入れている。

第三次　1967年6月5日からの6日間
6日戦争とも呼ばれる。イスラエルの圧勝。シナイ半島、ゴラン高原などを占領。しかし100万人を超すアラブ人、パレスチナ人を国内に抱え込む状況となり、以後混乱が続く。

第四次　1971年10月6日から約2週間
別名ラマダン／ヨム・キプール戦争。前半はエジプト軍の攻勢により、イ軍は大きな損害を出す。後半はイ軍の反撃が成功し、エジプト側は休戦を申し出る。

この戦争の開戦の理由ははっきりしないが、エジプト、シリアといった敵対する隣国がソ連の大規模な援助を受け、急激に軍事力を拡大させ、イスラエルの指導部がこれに危惧を抱いたことによる。

たしかに一一年前のスエズ動乱によって大きな損害を出した両国が、ソ連へ援助を要請し、それは信じられないペースで増え続けていた。

イスラエルはこの事実を脅威に感じ、予告なしの先制攻撃を行なった。軍用機、戦闘車両、そして兵員の数から言えば、アラブ側ははるかにイ軍を上回っていたのであるが。

しかし兵士の訓練、兵器運用の習熟度は充分とは言えず、それを察知したイ軍の奇襲を許してしまった。アラブ側はエジプト、シリアだけではなく、イラク、レバノン、ヨルダン軍なども参戦したが、戦局は最初から不利であった。

国連の仲裁により、一週間に満たずに戦争は終わりを告げたものの、ア側の損害は信じられないほど大きかった。

兵員の死傷一万名、捕虜五〇〇〇名、戦闘車両の損失七五〇台（捕獲されたもの一〇〇〇台）、航空機の損失三〇〇機に及んでいる。

他方、イスラエルのそれは一三〇〇名、一六〇台、六〇機にすぎなかった。

戦いの中心は機甲戦で、イ軍の戦車部隊はアラブ側のソ連製戦車を完全に圧倒し、戦いが終わった後は、損失の六倍のＡＦＶを捕獲している。

同軍はこれらを大幅に改造し、次々と戦車部隊に組み入れていった。

また戦術的にも戦車を縦横に活躍させ、アラブ側の戦線を易々と突破している。このため戦後に至り、独特の戦車優先主義を取り入れるほどであった。

これはなんといってもイギリス製のセンチュリオン、アメリカ製のパットン戦車などの信頼性、乗員の練度が優れていたこと、戦場の大部分が砂漠地帯であり、その能力を発揮しやすかったことに拠っている。

ともかく砂塵とともに群れをなして突進してくるイスラエル戦車部隊に、アラブの陸軍は全く対抗できなかった。このさいイ軍の戦車は、通常なら必ず随伴させるはずの機械化された歩兵を全く連れずに行動した。それが戦場における進攻速度の向上に直結し、戦果を拡大したのである。ある意味、これこそ砂漠の電撃戦であった。

一方、ア軍のソ連製戦車T55、T62は、能力の面からはそれほど劣っているとは思えなかったものの、乗員の訓練度に大差があった。

なにしろ戦争の期間中、一日あたり一〇〇台といった具合に、破壊されてしまったのだから。

この訓練、習熟度の差については、イ軍の兵士は、「我々がソ連製戦車を使ったとしても、勝利はこちら側にあった」と述べているほどなのである。

アラブ、とくにエジプト軍もこの戦いから教訓を学んだ。戦車同士の戦いでは訓練を重ねてもとうてい太刀打ちできないと。

これが四年後の第四次中東戦争で活きてくるのであった。

そして四年後の一九七一年一〇月六日、先の戦争とは反対にエジプト軍の奇襲により第四次中東戦争が幕をあける。

これは別名ラマダン（断食の月）／ヨム・キプール（贖罪の日・神に自分の罪の許しを請う、祝日）戦争と呼ばれた。

三〇万名のエ軍は短時間に造り上げた多数の仮設橋によりスエズ運河を渡り、イスラエル軍がパーレブラインと呼ぶ防衛線を突破した。

世界にその名を馳せた情報機関モサドも、今回は全くその情報を掴めなかった。当時のイ軍は先の戦争から、アラブの戦力を完全に甘く見ており、パーレブラインも砂を積み上げ、そこに塹壕と監視所を設けただけの簡単なものにすぎなかった。

またこれを突破されたとしても、優勢な航空、戦車戦力があるので、防衛は容易であると考えており、このような状況のもと、イ軍はすぐさま反撃に出る。

戦闘機、戦闘爆撃機、多くの戦車は迅速に運河の東岸をめざし、敵の軍用機、戦闘車両を探し始める。

しかし運河を視認できる距離まで接近しても、目標とすべき相手はほとんど見えてこなかった。敵はなぜ姿を見せないのか。

そのとき、イ軍の予想とはまったく異なった形の戦闘が開始された。

まず航空戦である。

イ軍のF－4、ミラージュ戦闘機、戦闘爆撃機にたいして、エジプト軍は次の対抗処置を

イスラエル軍のミラージュ戦闘機

とった。

まず高高度で進入してくる敵に対しては、ベトナム戦争でその威力を見せ付けたソ連製ＳＡ－７ガイドライン対空ミサイル、中高度では三連装の新型ＳＡ－６ゲインフルミサイル、さらに低空で飛来するＡＨ－１攻撃ヘリコプターにはＺＳＵ23×４自走対空機関砲シルカを大量に投入した。

エジプト軍は自軍に不利な空中戦を出来るだけ回避し、そのかわりに対空ミサイル、高射機関砲を豊富に準備し、まずイ空軍力に大打撃を与えるべく、準備を進めていたのである。

イ軍がこの状況をあらかじめ察知していたら、それなりの対処方法もあったと考えられる。しかし第三次戦争と同様な戦術をとり、不用意に接近戦を挑んだ。これに対し、次々とミサイル、対空火器が発射されている。

その結果、この戦いによるイスラエル側の損害は実に一〇〇機を超えてしまったのである。

イスラエル空軍に大きな打撃を与えたソ連製のSA6対空ミサイル

新鋭のファントム、ミラージュも、その多くがパイロットとともに失われた。

また地上戦でも戦いの様相は全く同様だった。戦車戦に絶対の自信を持って進撃するイ軍の機甲部隊だが、エ軍は戦車を前線に投入せず、ここでは航空戦と同じように、莫大な数の対戦車ミサイルAT－3サガーで迎撃する。このミサイルは有線誘導式で射程も三キロ程度と短いが、比較的安価と言え、多数が配備されていた。

これによってセンチュリオン、M48パットン戦車は大打撃を受けている。しかもサガーの損害を避けることができた車両には、次の試練が待っていた。

それは歩兵携行の対戦車ロケット砲RPG2、7の一斉射撃である。射程は三〇〇メートル程度ながら、塹壕から射ち出されるこの簡易ロケットは、成形炸薬を用い、戦車の装甲板を貫通する。

しかもその数は多く、ある戦車にはほとんど同時に七発が命中する有様であった。

そのうえイ軍の戦車部隊は、歩兵を随行させていないため、手の打ちようがなく戦車の損壊は想像を超える数に上った。

ある機甲師団は四日間の戦闘で、保有する戦車二八〇台の約半数を失ってしまったのである。

この大損害に驚いたのはイスラエル陸軍だけではなかった。このユダヤ人国家を支援するアメリカも、強い衝撃を受けた。

このままではこの国が危ない。このような状況から、アメリカは本国から何台かのM48、60戦車を、超大型輸送機C－5ギャラクシーを使って航空輸送している。いわゆる主力戦車MBTが、航空機で運ばれたのは、歴史上でもこの戦争だけではないか、と思われる。

なおイ軍戦車の損害の総数は五〇〇台前後とみられている。

このあとイ軍はエ軍の南側に兵力を移動させ、新しい戦線を展開する。これが効を奏し、状況は多少有利となった。

この時点で国連が仲裁に入り、一八日後には休戦となる。それでもイスラエル軍指導部の大きな失敗であった。この第四次中東戦争はそれまでの第一～三次と同じで、ともに国家が崩壊するような戦いではなく、国境付近の領地の拡大と互いの戦力の撃滅戦であった。

すべての損害はエジプト側に多かったが、それでもアラブ全体からみれば十分に納得のいく形で終了している。なぜなら次の三点を見ればそれは明らかである。

○まず戦い方によっては、それまでの戦争と異なり、勝てない場合でも引き分けに持ち込むことが可能になったこと。
○エ軍の善戦により、イ側に占領されていたシナイ半島が返還されたこと。
○それまで威信を失いかけていたエジプトという国が、アラブ世界でのそれを取り戻すことができたこと。

他方、イスラエルは第三次以後、有していた圧倒的な軍事力への自信を失い、反省するところ大ということになってしまった。それらは次のとおりである。

○諜報機関モサドもその能力は万全ではないこと。
○わずか四年の間に、エジプトは教訓を学び、対策を練り、それを実行したこと。逆にイ軍上層部は、漫然と先の戦闘の勝利に酔い続けたこと。とくに戦車戦略の重視は、必ずしも正しいとは言えなくなったこと。

この第四次中東戦争のあとの一九八二年六月、イスラエル軍はレバノンの反イスラエル組織を崩壊させるため、この国に侵攻する。

これらの組織PLO、ファタファなどをシリアが支援したため、第五次ミニ中東戦争なる争いが勃発する。その規模は大きいとは言えず、三ヵ月後終結となる。しかし中東をめぐる紛争は、現在でも続いているのである。

一般的にどのような軍人であっても、先の戦争を研究し、勝利の要因を探求する。したがってそれが確実なものであれば、どうしても踏襲するということになるのはしごく当然といえよう。

第三次中東戦争における戦車戦の圧勝が、イスラエル陸軍の軍人たちに根幹として残ったのはごくごく当たり前なのである。

しかしそれがわずか四年後、根本から覆されるとはだれが想像し得たであろう。繰り返すが、たった四年という短時間なのである。

このように考えると、先の戦いの勝利が、次のそれの勝利に結びつくとは考えない方がよさそうである。

一般的に失敗、敗北の教訓は、敗れた側に残されていると言われるが、現実はそのように簡単に断言できるものではなく、勝者も自己の戦いぶりを検証する必要があるように思えるのである。

●得られる教訓

〝奢れる者は久しからず〟。この諺がこれほど的確に現われた事例は珍しい。

またかつて日露戦争における日本海海戦のあと、東郷元帥の訓示〝勝って兜の緒をしめよ〟もこれに当てはまる。

勝利、成功のあと慢心することは、我々にもよくあるが、やはりこの二つの教訓は大切なのであろう。

20 資金、労力、時間、戦力のすべてが無駄となった

――大要塞ベルト　マジノ線

第一次大戦においてパリ郊外でドイツ軍と対峙し、実に三〇万名をはるかに上回る大損害を記録したフランス陸軍は、この教訓からドイツとの国境に歴史上最大と言われた大要塞地帯マジノ線を構築した。

どのような戦力を投入しても、絶対に突破不能と言われた延長数百キロの要塞群であった。しかし一九四〇年五月、ドイツ軍はなんとマジノ線を迂回、北方のベルギー領を通ってフランスに侵攻した。当時、国家予算に匹敵する巨費を投じて建設されたこの防衛ラインも全く役に立たず、同国はひと月半後には全面降伏となってしまうのであった。

一九一四～一八年、フランスはイギリスと手を携えて、隣国のドイツと第一次世界大戦を戦うこととなった。この史上初めて勃発した世界大戦は、極めて規模が大きく、民間人を含めると実に一〇〇〇万人という犠牲者を出すのである。

戦いではフランス、イギリス、ロシア、のちにアメリカが、ドイツ、トルコと西ヨーロッ

パ、地中海の覇権を賭けて死闘を繰り返した。
なかでも中心となった戦場は、パリの北東に広がる広大な草原地帯であった。ここでは精強なドイツ陸軍が、首都の占領を目指して大軍を投入して、猛烈な攻撃を繰り返した。

これに対してイギリス軍の支援を受けたフランス軍は、この地にのべ一〇〇万名で守備を固めた。なにしろこの戦いで敗れれば、前述の首都であり別名〝花の都〟と謳われたパリが敵軍の手に陥ちるのである。

フランス軍には四〇万名からなるイギリス陸軍という強い味方があったが、それでも精強なドイツ軍一〇〇万名の圧力を跳ね返すのは容易ではない。

この地の戦いは三年近く続き、その後ようやく落ち着きを見る。

といっても決着がついたわけではなく、両軍が延長数千キロに及ぶ塹壕を掘って、その中に籠り、攻撃のきっかけを待つといった状況であった。

とくに地方都市ベルダンの近郊では、このような対峙が長期間にわたった。

この情景は作家レマルクの小説『西部戦線異状なし』に詳しく描かれている。

異常なしとは戦闘が行なわれていないのではなく、一進一退の戦況が絶え間なく続くという意味である。

両軍はこれを打開しようと新兵器である戦車、非人道的な毒ガスまで投入するが、戦線はあまり動かず、兵員の死傷のみ恐ろしい速度で増加していく。

ともかく攻勢に出れば、この戦争から大量に装備されることになった機関銃が互いの兵士に多大な犠牲を強要する。

資料によって異なるが、この西部戦線の死傷者はフランス軍六〇〇万、イギリス軍二〇〇万、ドイツ軍五〇〇万名といわれ、まさに悲劇というしかない状況であった。

一九一八年に至り、ドイツは休戦を申し出、戦争は英仏の勝利という形になったものの、フランスの受けた痛手は極めて深いものとなった。

隣国にドイツという〝好戦的な国家〟が存在し、しかもそれが常にパリを狙っている限り、安寧という言葉とは無縁である。

大戦終了後、フランス人のすべてがこの事実を痛感し、ドイツとの国境に強大な防御線の構築を夢見たのである。

これを具体化したのが、同陸軍大臣であったA・マジノ元帥である。彼は南のスイス国境からパリの東を通り、西北のベルギー国境まで続く要塞ベルトというべき強大、長大な構造物を提案する。最大の目的は、先の戦場のような大量の兵員を投入しての野戦ではなく、要塞を最大限活用し、自軍の損害が少ないまま敵軍に痛打を与えようとするものであった。

フランス軍の若い兵士を、あのような形で死なせてはならない。この意見はフランス国民の強い同意を得ていた。

地図を見れば一目瞭然だが、中央部分は当然ドイツとの国境である。マジノ線と呼ばれることになった要塞群はフランス政府、国民の全面的な支持を得て、一九三〇年ごろから建設

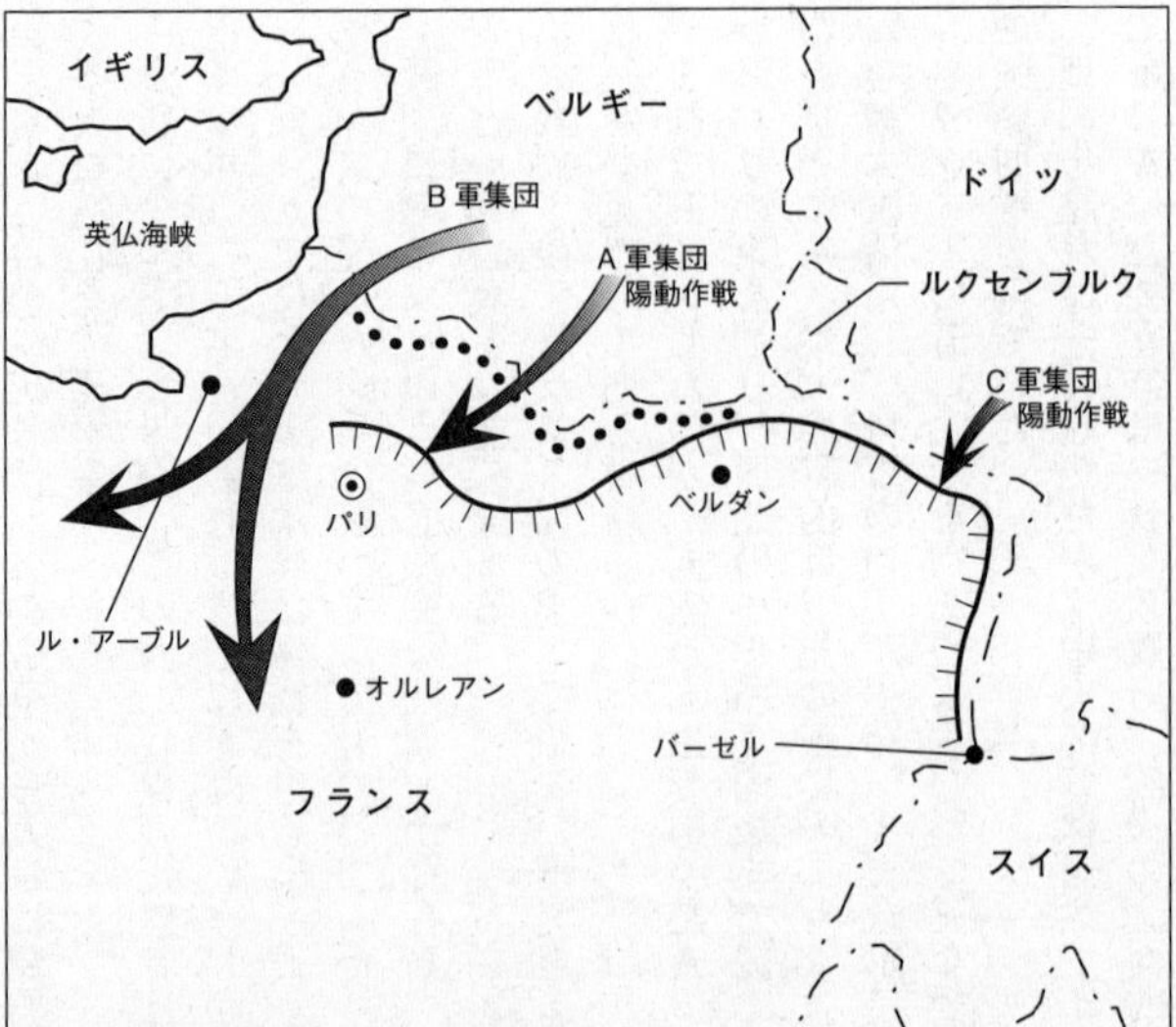

フランスのマジノ線とドイツ軍の侵攻
1940年6月5日～22日

が始められた。

その長さは計画によれば約七〇〇キロに達し、ここに五〇ヵ所以上の要塞を造り、それぞれを通路で結ぶ。これは塹壕と呼ぶよりも地下道であり、一部には兵員、食糧、弾薬を運搬するための電気鉄道も通っている。

このマジノ線ではネープル要塞と呼ばれる建造物が最大で、八〇〇〇名以上の兵士を収容し、火砲一二〇門を備え、内部には発電施設まで備わっていた。

建設のピークは一九三七年頃で、一〇万人の労働者が連日作業に従事し、建設費は実に三〇〇億フランに及んだ。現在の貨幣価値に換算したときの金額はわからないが、最盛時には国家予算の四分の一がつぎ込まれたと言われている。

まさにマジノ線さえあれば、戦争の脅威、つまりドイツの侵攻の可能性は完全に消滅すると信じられていたのであった。

大戦が幕を閉じた一九一八年以降、フランスは広義の戦争の後遺症から必死に立ち直ろうとしていた。経済は破綻に近い状態で失業率は高く、産業も振るわなかった。ただドイツからの賠償と、大国に成長しつつあったアメリカからの援助で国家を運営し、多少でも余裕ができれば、マジノ線の構築に力を注いだ。

言い方を変えれば、他の部分、たとえばフランスの陸海軍の予算を削ってでも国境の防衛線を完成させようとしていた。しかしそれでも八〇パーセント前後が出来上がったところで、状況は大きく変化するのであった。

それはドイツにおけるナチ党の誕生とその後の勢力拡大である。それまでのドイツはイギリス、フランス、ロシア/ソ連への莫大な賠償金と、それに伴う異常なインフレに悩まされてきた。また休戦、実質的な敗戦により、ゲルマン民族としての誇りを傷つけられ、国内の不満はまさに爆発寸前であった。

これをうまく汲み取ったナチスは、国民の憤りを利用し、圧倒的な支持を集めることに成功する。

その指導者アドルフ・ヒトラーは休戦協定ベルサイユ条約を破棄するとともに、再軍備に着手、短時間のうちに強大な陸軍を再建、先の大戦で受けた屈辱を晴らそうと動き出す。

これを目の当たりにしながら、フランスの動きはなんとも鈍かった。政治形態はどの政党も主体性を持たない共和制であり、国内には享楽的な雰囲気が蔓延、軍事的に弱体化は否めなかった。

この背景には、かなり完成に近づきつつあったマジノ要塞線の存在があったと思われる。なにしろ同国の陸軍の最高指揮官が、これに全面的な信頼を寄せていたほどなのである。この防御ラインがあるかぎり、いかに好戦的なナチスが率いるドイツ陸軍といえども、侵攻は絶対に不可能と信じ込んでいた。

たしかに十数万名の兵士が分厚いコンクリートに守られ、多数の火砲を擁するマジノ線は鉄壁と思われ、さらにドイツ軍の指導者たちでさえ、それを認めるにやぶさかではなかったのである。

そして世界は運命の一九三九年九月一日という日を迎える

この日、ドイツ軍が隣国ポーランドに侵攻し、第二次世界大戦が勃発した。

先の大戦が幕を下ろしてから、わずかに二一年しか間をおかず、再びヨーロッパは戦火にさらされることになった。

ここにイギリス、フランスはドイツに宣戦を布告する。

この結果、すぐに大戦闘が始まると思われたのだが、状況はそのようにはならなかった。たしかに小競り合いはいくつか発生したものの、全体的には静かなまま時は流れていった。

わずかに南米アルゼンチン沖で、通商破壊に従事していたドイツの小型戦艦グラフ・シュ

マジノライン線を攻撃中のドイツ軍

ぺーが、イギリス艦隊の包囲を受けて自沈した程度である。

大国同士が宣戦布告していながら、このような平穏な状況は、のちに歴史家から〝大休止、まやかしの戦争期間〟と呼ばれることになる。

この間もマジノ線の建設は進められ、工事の進捗状況は一九三九年末の時点で九〇パーセントとされている。つまりもう一歩で、フランスの自国を守るための夢は実現しようとしていた。

ところが仮想敵軍から実質的な敵となっていたドイツ軍は、思いもよらぬ行動に出るのであった。

年が変わった一九四〇年五月一〇日、六〇万名を超すドイツ軍が機甲部隊、航空部隊の協力を受け、フランス、オランダ、ベルギーおよびルクセンブルグに侵攻を開始する。

もちろん国の規模から言って主な敵はフランスであることは言うまでもない。

このさい、驚いたことにフランスが永年、総力を挙げて整備してきたマジノ線の要塞ベルトは、まったく機能しなかった。

なぜならドイツ軍は、例え突破に成功したところで莫大な損害が予想される要塞への正面攻撃を避け、マジノ線の途切れている北方から侵入したのである。

フランス軍にとってまさに思いもよらぬ戦略であった。

しかしなぜこの防衛線をより北に向かわせようとせず、大西洋岸まで延ばさなかったのであろうか。つまりマジノ線の北端と大西洋との間が、がら空きになっていた。

この理由はこの地に広がる大森林地帯〝アルデンヌの森〟の存在にあった。濃密な針葉樹林からなるアルデンヌには広い道などなく、また湖沼も多く、とうてい大軍の通過は不可能である。これがフランス軍首脳の判断であり、スイス国境から延々と延びるマジノ線はこの森の南の端で停まっていた。

一方、ドイツ軍は、アルデンヌを詳細に調査し、慎重に進みさえすれば大兵力であっても、この森を通ることが可能である事実をはっきりと知っていたのであった。

このあとの状況は、ドイツ軍にとっては圧倒的に勝利であり、逆にフランスにはまさに悲劇をもたらした。

北から雪崩れ込んだドイツ軍は、多数の急降下爆撃機の支援を受け、慌てて反撃してくるフランス軍を次々と撃破し、二週間足らずで主な都市を占領する。

このような破竹の進撃は、のちになって電撃戦と呼ばれた。

当時にあって、第一線の地上兵力は独仏ともに約一〇〇万名といわれていた。

フランス側には四〇万名の駐仏イギリス軍も協力していたが、それでも雪崩の如く侵攻してくるドイツ軍になすすべもない。

なかでも惨めなのはマジノ線要塞に配置されていた二五万名の兵力で、まったく戦闘を経験しないまま、右往左往するばかりである。

大要塞の防御が任務であったので、この配置から動くわけにもいかず、またパリ北方で戦う友軍の救援に向かおうとしたところで、移動のための車両も満足になく、動かせる重火器もない。

国家の威信を賭け、莫大な資金、時間、労力を投入して造り上げたマジノ線大要塞ベルトは、母国の危機に当たって全く機能しないばかりか、無用の長物としか表現のしようのない有様であった。

しかも軍事予算の多くをこの建設に費やしていたことから、他の兵科の装備、訓練がおろそかになっていたのである。

そしてドイツ軍の侵攻からわずかひと月半後の六月二二日、フランスは降伏するのであった。

現在に至るもフランスとドイツの国境付近を中心に造られたマジノ線の要塞群は、当時そのままの姿を残している。もちろん撤去されたところもあるにはあるが、強固な場所は分厚いコンクリートであり、取り壊しには多額の費用が掛かる。

パリに入城するドイツ軍

そのこともあっていまだに要塞の大部分は残り、ただ現代における万里の長城に似た歴史的建造物として観光客を集めているのである。

同時にフランス軍上層部の無能を、形として後世に伝えているとも言えよう。

全く役に立たなかったマジノ線の建設から、我々が学ばなくてはならない事柄はどのようなことなのか。

これは軍関係者が誰一人として、マジノ線北方のアルデンヌの森を意識していなかったという事実である。ベルギーなどの協力を求め、現地を徹底的に調査することなど、全く考えていなかった。さらにこの地をドイツ軍が簡単に通過するなど夢にも思わなかった。

言い換えれば、要塞群さえあれば国家は安全という安易な思い込みであろう。

●得られる教訓

軍備に関することだけではなく、国家的な大事業に着手するさい、あらゆる可能性について徹底的に検討し、議論を重ね、少数意見にも耳を貸すことが必要なのである。

こう考えると数兆円を投じて建設中のリニア新幹線も、わが国にとって本当に必要かどうか、議論を深めてほしいと思われる。

もはやSNSを駆使してテレワークの時代である。また観光のための移動なら既存の新幹線で十分対応できる。東京と名古屋間を三〇分速くするために、国家予算の一〇パーセント近くをつぎ込むのである。リニアが現代における万里の長城、マジノ線なのではあるまいか。

21 異なる形で失敗した二つの大空挺作戦

――ドイツ軍のクレタ島占領とソ連軍のドニエプル河反攻作戦

大兵力の落下傘（パラシュート）／降下部隊を投入することを、空挺／エアボーンという。この戦力は地上部隊と違って一度に数百キロ離れた地点を攻撃することができるので、その効果は著しく大きい。

しかしその一方で、重火器、戦闘車両などを兵員とともに運び込むことは難しいので、地上に降りたった部隊は軽装備のまま戦わなくてはならない。

そのため降下部隊投入の時期、場所などはかなり慎重に検討されないと、大損害を被る可能性がある。ここでは、目的を達成したものの損害は甚大になってしまった例、また目的も達成できず部隊が全滅に至った例を紹介する。

大戦中に実施された大規模エアボーンは極めて少なく、わずかに四回のみと考えて良い。

。ドイツ軍による地中海のクレタ島占領　一九四一年五月　二・五万名降下

。ソ連軍によるロシア・ドニエプル河の反攻　一九四二年九月　七五〇〇名

◦アメリカ、イギリス軍による大陸反攻　一九四四年六月　六万名
◦同、ライン川の三つの橋梁占領　一九四四年九月　三万名

これ以外に、例えば日本陸軍によるボルネオ・バリックパパン降下作戦などもあるにはあるが、参加人員は五〇〇名に満たず、規模としてはかなり小さい。

これら四回のうち、一九四四年六月のオーバーロード作戦、同年九月のマーケットガーデン作戦におけるエアボーンの評価は、正直に言ってしまえば可もなく不可もなしであった。

降下地点と味方の地上部隊が距離的に近かったこと、米英軍とドイツ軍の戦力の差が大きく、降下作戦が行なわれても行なわれなくても、最終的な結果に違いがなかったと思われるからである。

しかし一九四一年五月のクレタ島、四三年九月のドニエプル河を巡る戦闘は、エアボーン作戦の真価を問われるものであり、この意味から戦史に残った。

一、ドイツ軍によるクレタ島占領作戦

この年のはじめドイツ軍はギリシャに侵攻、イタリア軍と協力して、ギリシャ軍、駐留イギリス軍を撃破する。このため撤退を決めたイギリス軍は一時的にクレタ島にわたり、この地で防御態勢をとる。最終的には海軍の支援を受けエジプトまで後退する計画であったが、その前段階として三万名のイギリス軍はクレタに陣地を築く。

これを知ったドイツ軍は、保有するすべての空挺部隊を投入して空から占領を狙った。参

加兵力は、五五〇機のユンカースJu－52輸送機から降下する二・五万名の精鋭である。またイタリア兵一万名が船で島に上陸し、ドイツ軍を支援する。

イギリスの大兵力が待ち構える島に、ドイツ軍が空挺部隊を送り込んだ理由は、付近の海域に強力なイギリス艦隊が集結しつつあり、海上から上陸しようとすると、これによって妨害される可能性が高かったためである。

また占領下のギリシャ本土からクレタまでの距離がわずか二〇〇キロと短かったこと、砲兵は送り込めないが、そのかわり急降下爆撃機が比較的多数用意できることも有利な点であった。

まず短時間に大部隊を降下させるため、必死にユンカース輸送機を集め、ついには訓練用の機体も使用した。

この作戦をメルクール（盗賊の守護神）と称したが、開始と同時にイギリス軍による強烈な反撃を受けることになる。

Ju－52は搭載量も充分で安定性にも定評があったが、パラシュート兵を安全に降下させるためには、低空を低速で飛行する必要があった。このところを英軍の対空砲に狙われ、次々と撃墜されていった。あわてて急降下爆撃機が救援に駆け付けたが、それでも砲火は激しかった。

すでに作戦は発動されているから、中止することは不可能である。ただ地上のイギリス軍は孤立していて、増援が到着することはない。このあと2日にわたり英独両軍の死闘は続い

クレタ侵攻の主役となったJu−52輸送機

たが、イタリア軍の合流もあって形勢は攻撃側に傾く。

結局、三万名のイギリス軍のうち、死傷者、捕虜、脱出した者がそれぞれ三分の一ずつという結果になった。一方、損害は勝利したドイツ軍の側に多く、死傷者一・三万名、Ｊｕ－52の喪失は実に二五〇機に上った。

この輸送機の損害は、こののちドイツ軍の進撃の足を引っ張ることになる。

また練度の高い降下部隊の兵士が七〇〇〇名近く戦死したことも、大きな痛手であった。

結果としてクレタ島の占領という目的は達成したが、それがその後の戦局になんらかの影響を与えることはなく、ドイツ軍最精鋭のパラシュート部隊の損害ばかりが記録に残ることになる。

さらにこの事実は、クレタの戦いの後、ドイツ軍は二度と大規模な空挺作戦を実行することはなく、これが大損害を受けた事実のなによりの証明ではなかろうか。

やはり軽装備の降下部隊は、敵軍の待ち構える戦域に投入されるべきではなかったというしかない。唯一の戦果は、急降下爆撃隊が、イギリス陸軍の撤退を目的にクレタ島に接近した艦隊に大きな打撃を与えたことであろうか。この戦いでイギリス軍は巡洋艦、駆逐艦など七隻を失っている。

しかしこれはドイツ空挺部隊の戦果と直接の関係があるわけではなく、メルクール作戦は目的こそ達成したものの、とてつもなく高い代償を支払ったと評価すべきであろう。

二、ソ連軍の大降下作戦

一九四二年の秋のはじめ、緒戦で大打撃を受けたソ連軍も時間と共に体勢を立て直し、ドイツ軍と対等に戦える状況になりつつあった。

そのような状況下で、ソ連軍首脳はこれまで温存を重ねていた降下部隊の大量投入を決断する。

作戦の目的は、大河ドニエプル河畔の町カニエフとその郊外の橋の確保であった。同時に計画されていた赤軍の攻勢が成功すれば、この橋を利用して部隊を一挙にドニエプルの西岸に送ることができる。

ソ連軍は早くから空挺部隊に大きな期待をかけて、大切に育て上げてきた。

第1から第5まで、いずれも師団ではなく旅団編成で総兵力は一・五万名である。

ドニエプル河を渡るソ連軍

今回のエアボーンにはそのうちの第2、3、5旅団が参加し、降下兵だけで七五〇〇名、輸送機の操縦士、整備士などを含め、約一万名が参加する。

永く苦難が続いていたが、ようやく光明が見え始めていたソ連軍は、この作戦に大きな期待をかけていた。

九月二四日から出撃が開始されたが、最初から問題が生じ、それが少なからず混乱を招いてしまう。

まず作戦の決定から出撃までの時間が短すぎ準備が十分でなかったこと、部隊の離陸が午後遅くになってしまい、降下地点が暗くなっていたこと、兵士の訓練は充分ながら輸送機の操縦士たちが、大編隊によるパラシュート降下に慣れていなかったことなどである。

散々育成に力を入れていながら、実戦に当ってはすべてが裏目に出てしまった。

最大の失敗は、降下地点が大きく広がってしまい、着地に成功した兵士もすぐにドイツ側の反撃によって殲滅される有様である。数百名が目標の地点から三〇キロも離れたところに降下した例もあった。

また事前の情報の不足から、不運も付き纏っていた。カニエフの町の近くをドイツの三コ機甲師団が移動中であり、それがすぐに降下したソ連軍を迎撃する状況になってしまった。

このドイツ軍は多数の戦車とあわせて四万名の兵員を擁していたから、戦闘の結果は明らかであった。

作戦が開始されてから二四時間以内に二三〇〇名を超すソ連軍兵士が戦死し、また残りの半数が二名の旅団長を含めて捕虜になってしまった。

またそれら以外の降下隊員は必死で北方に逃れ、反独パルチザンにまぎれることができた。

つまり三コ空挺旅団は、全く目的を達成できず、壊滅的な打撃を受けてしまい、しかもクレタの戦いと違って、目的としたカニエフの町と橋の占領には当然失敗している。

一方のドイツ側の損害は、極めて少なく、死傷者は一〇〇〇名以下であった、と思われる。

結局、このあとの戦争の全期間を通して、ドイツ軍上層部と同様に、ソ連軍も再び大規模な空挺作戦を実施することはなかった。

敵軍の背後、あるいは敵の拠点の真っただ中に兵士を送り込むエアボーン作戦は、どの国の高級指揮官にとっても魅力的な戦術である。とくにそれが、敵軍が全く予知できなかった場合、予想以上の戦果拡大に結び付く可能性がある。

理論上はたしかにその通りなのだが、第2次大戦だけではなく、現代戦全般を見渡しても降下作戦が大戦果を挙げた実例を挙げることは難しい。

先にも述べたごとく、降下する部隊は、重火器はもちろん、車両などの移動手段を持つことができないから、その打撃力は決して大きくないのである。

このように考えると、現在でも多くの国が整備しているこの種の兵科は、廃止、あるいは縮小されるべきかもしれない。

●得られる教訓

降下作戦に投入される兵士は、一般の歩兵などと比べ、優秀かつ訓練も充分な者たちである。それだけに貴重な戦力だが、降下のタイミング、場所の選定などを誤ると戦果どころか大きな損害を出してしまう。

これは実社会でも同様で、いかに能力のある人であっても、使われる状況によっては何の成果も挙げられない場合が多々みられる。やはり適材適所こそもっとも重要ということだろう。

22 価値があった惨敗

――イギリス、カナダ軍によるディエップ上陸作戦

一九四二年八月、連合軍司令部はイギリス、カナダ軍による一つの作戦を実行する。これはフランス海岸のディエップ市とその周辺地区に対する上陸作戦で、目的は駐留するドイツ軍の戦力を探ろうという、いわゆる〝威力偵察〟であった。

カナダ軍の第2師団が中心となり、イギリス軍の二コのコマンド部隊が協力する。しかしこの作戦はわずか半日でものの見事に失敗、多数の死傷者を出してしまう。それでも、実施した価値は大きなものであった。

太平洋戦域では、ソロモンにおけるガダルカナル攻防戦が開始されたのとほぼ同じころ、ヨーロッパでも連合軍側による最初の大陸反攻作戦が実行される。

これはカナダ軍第2師団の六〇〇〇名が、ドイツ軍が支配しているフランス本土のディエップ市に上陸するものであった。

もちろんこの兵力ではドイツ軍に大きな痛手を与えることなど不可能であり、とりあえず

近い将来実行されるはずの、大陸反攻作戦の威力偵察とその結果の分析である。

この威力偵察という言葉は、普通の偵察と異なり、ある程度大規模な戦力を敵軍に衝突させ、その反撃の度合いから相手の戦闘力を知ろうとする目的を持っている。

なおフランスのディエップは、英仏海峡を挟んでイギリス本土から見て南東に位置する対岸の港町である。

町を防衛するドイツ軍は港の後方に主力（第302師団）を置くと共に、東側にヘス、西にゲッベルスと名付けられた強力な砲台を建設していた。これは蟹の鋏のごとくディエップを守っている。

連合軍の情報部は、まずイギリス軍のコマンド（正規軍の特殊部隊）を投入し砲台を無力化、そのあとこの地の砂浜にカナダ軍を上陸させ、一時的に町を占拠する、という計画を立案した。

同時に反撃してくるドイツ軍302師団を迎撃、損害を与えたあと撤退する。

この作戦のため海軍は八隻の駆逐艦、大型上陸用舟艇九隻、小型三三隻を用意し、イギリス本土から八〇キロを海上輸送する。

同時にカナダ軍を支援するため、多数の戦闘機、爆撃機が上空掩護をおこなう。

作戦は一九四二年八月一九日の夜明けとともに開始された。さきにイギリス軍がドイツ軍の猛追を受け、ダンケルク海岸から必死の思いで撤退して以来一四ヵ月ぶりに、大陸の地を踏むことになる。

多数が投入されたイギリス軍の上陸用舟艇

たしかに一コ師団の歩兵、二コのコマンド部隊という戦力とは言い難いが、八隻の駆逐艦、二〇〇機の航空機はかなり頼りになるはずであった。この威力偵察にはジュビリーというコードネームが付けられていた。

まずゲッベルス砲台には第3コマンド部隊、ヘス砲台には第4コマンドが取り着き、占拠を試みた。両砲台が健在であれば、その間に上陸するカナダ軍が両側から猛烈な砲撃にさらされるのである。

それぞれ六〇〇名からなるコマンドは、特殊部隊だけに精強な兵士たちからなっていた。

しかし攻撃が開始されると同時に、砲台を守るドイツ兵は塹壕に籠って、激しく抵抗した。さらに後方からの増援部隊も到着し、わずか六〇〇名のコマンドによる拠点の奪取はすぐに不可能となってしまった。ゲッベルス、ヘスともにこの状況は同じで、これが作戦全体に影響を与えるのである。

それでも明るくなるとともに、カナダ軍の上陸が開始された。六〇〇〇名の歩兵とともに、新型のチャーチル戦車十数台も上陸用舟艇から海岸に降ろされる。さらに駆逐艦は海岸に接近し、支援の砲撃を実施した。また飛来したスピットファイア戦闘機、ブレニム爆撃機もドイツ軍を攻撃する。

まさに空、陸、海の共同作戦で、作戦は成功と思われたが、それもつかの間イギリス、カナダ軍は絶え間ない砲撃により、身動きが取れなくなってしまった。

駆逐艦は砲台から、航空機は強力な対空砲から、また地上部隊は敵の戦車部隊からの反撃によって大損害を出してしまう。

作戦開始からわずか六時間後、司令部はもはや目的は達せられないと判断し、撤退命令を出すに至った。

このころにはドイツ軍の戦闘機も大挙して戦場に到着し、イギリス機を駆逐した。これにより多くの爆撃機が撃墜された。

さらに初登場のチャーチル戦車は、砂浜における移動があまりに緩慢で、対戦車砲により次々と撃破される有様となった。そしてその多くはディエップの海岸に放棄されるのである。この大型戦車は、その後の戦闘でもほとんど活躍しなかった。

本格的な撤退は一一時ごろから2時間ほど続き、イギリス、カナダ軍はなんとか乗船することが出来、この地をあとにした。

それにしてもわずか半日の戦いだったのにもかかわらず、損害は膨大となってしまった。まず海軍であるが駆逐艦の沈没、大破各1隻、損傷3隻、上陸用舟艇三隻の沈没、損傷多数、死傷者は五五〇名。

空軍は飛行機一〇六機損失、カナダ軍の死傷者三五〇〇名。コマンドの死傷三〇〇名、チャーチル戦車のすべてが回収不能。このようにカナダ、イギリス軍ともに損害は重大であった。

まさに司令部、情報部が予想もしなかった悲劇にちがいない。

一方のドイツ軍のそれは呆気にとられるほど少なく、戦闘機一六機喪失、沿岸砲数門が損傷、兵員の死傷者七〇〇名とこれだけである。

ジュビリー作戦は完全に惨敗というしかない結果となった。

たしかにそれは疑いもない事実ではあるが、この戦闘により連合軍首脳が得た情報と教訓は極めて大きかった。

まずフランスの海岸地域に駐留するドイツ軍の戦力はかなり強力で、将来必ず実施されるはずの大規模反攻には充分な準備が必要である。また相対したドイツ陸軍第302師団は、戦闘経験が豊富な親衛隊師団などと比較すると、第二線級の部隊であるのに、その戦闘力は決して無視できるものではなかった。

ドイツ軍の砲台は充分に防御され、軽装備のコマンド部隊で無力化、占領することは不可能である。

ディィエップ上陸作戦でほとんど役に立たなかったチャーチル歩兵戦車

ともかくドイツ軍の配備されている海岸に、敵前上陸しようとすると、大きな損害を覚悟しなければならない事実がはっきりした。

細かいところでは新型のチャーチル戦車は、運動性に劣り、不整地では充分に能力を発揮できなかったことも挙げられる。

当時の西側連合軍の上層部は、もし可能であれば一九四三年の秋には、大陸への反攻を実施したいと考えていた。

だからこそこのための威力偵察ジュビリーを決行したのである。しかしこれはドイツ軍の戦闘力を思い知らされることになり、この面では極めて貴重な情報を得たのである。

大陸反攻には、もっと時間をかけて、ドイツ軍の力が弱体化するのを待つ、またこちら側は相手の数倍の戦力を蓄える必要がある、などである。

実質的にはドイツ対ソ連戦争（独ソ戦）の様

相を見極め、ソ連軍によってドイツ軍が充分消耗することを確認する。戦況によっては在フランスの戦力の多くが、東部戦線に移動すると思われた。

このような状況になればなるほど、西側連合軍の反攻は、成功の確率が間違いなく大きくなるのであった。

この結果、最大規模の大陸反攻作戦オーバーロードの発動は、ジュビリーから実に二年近く遅れて実行されるのである。

たしかにこの時期になると、最高の戦闘力を誇ったドイツ国防軍、親衛隊戦闘団もその戦力を使い果たしてしまい、英仏軍の圧力を支えられなくなっていた。たとえば一九四四年六月の大陸大反攻作戦オーバーロードの当日、反撃してきたドイツ空軍機はわずかに二機のみ。

この事実は、ディエップ上陸作戦が決して無駄ではなく、勝利のために貴重な情報を与えてくれたことを示しているのである。

のちの連合軍に貴重な情報を与えたのは事実であるが、その反面、ディエップにおけるカナダ軍、イギリス軍の惨敗は、当時はもちろん現在でも多くの研究者、戦史愛好者たちの関心を集めている。そのためこの戦闘を題材とした長編のノンフィクションも出版されているほどなのである。そしてやはりその犠牲は無駄ではなかったとみるのが本筋であろう。

これに比べると、一九四四年の春に日本陸軍が実施したビルマ（現ミャンマー）におけるインパール作戦など、まさに惨めな失敗という以外に表現のしようがないような気がする。

はじめから補給手段を考えずに行なわれたこの戦いでは、三万名を超える日本兵が死亡したが、その大部分は食糧不足による餓死であった。

このインパール戦から得られる教訓は、無能な指揮官は兵士の生命など全く考慮しないという事実、どのような精強な軍隊も補給のないまま長期間戦うことはできない、といった子供でもわかる事柄でしかないのであった。

●得られる教訓

例え大きな失敗をおかしてしまったとしても、原因を徹底的、かつ詳細に分析を必ず行なう。

そして次の機会に備えて対策を十分に練り、万全の準備を心がけ、それから実行に移る。

これが成功の鍵であり、過去の失敗も決して無駄にはならない。

戦争の遂行、人生においても〝失敗は成功のもと〟という言葉は、当てはまるのである。

23 仲間割れは敗北に直結する
――スペイン戦争の共和国軍

どのような軍隊であろうと、戦っている最中に味方の中で仲間割れが生じれば、その側は間違いなく敗北に至る。ところがそれでも実際の戦争中にこのような事態が生まれ、それが原因で惨めな負け戦となった実例がある。第二次大戦の直前に存在したスペイン戦争の一方の側、共和国政府軍がこれに当たる。

第二次大戦は一九三九年九月に幕を開けるわけだが、その直前、南ヨーロッパのスペインにおいて激しい内戦が存在した。

それは一九三六年七月から三九年四月までの間であり、同じスペイン人同士の血を血で洗うがごとき、凄惨なものであった。犠牲者の総数は二〇〇万人に上り、この国の全土が戦場となった。

戦いの原因は、当時にあってともに台頭した全体主義ファシズムと社会・共産主義の衝突である。まず隣国フランスに後者の共和政権が誕生、一方、イタリア、ドイツではファシズムが力を付けていた。

このような状況を知ると、舞台がスペインでなくてもいずれは二つの思想が衝突していたはずである。

さてフランスの影響を受けて、アマエル・アサーニャ率いるスペイン共和人民戦線政府が一九三六年春に生まれた。その構成はまず共産主義者、アナーキスト（無政府主義者）、そしてある程度温和な方策をとる自由社会主義者であった。

職業としては教師、労働者、都市の住民、進歩的な軍人（とくに兵士）、小作農などである。全体的に文字どおり左翼勢力が主体であった。そして当然ながら共産主義の総本山ソ連が、この政権を支援する。

国の中枢が左に拠りすぎたと感じたのが、フランシスコ・フランコ将軍をいただく保守的な軍人たちで、彼らは支持者と共に国民戦線を結成し対抗する。

またそれぞれの軍隊は、

共和人民戦線政府側：政府軍、共和国軍

フランコ側：反政府軍、フランコ軍、国民軍

などと呼ばれる。

後者は軍部、教会、地主などからなり、イタリアとドイツが協力する。ソ連、イタリア、ドイツは志願兵を送っていたが、それらは実質的には重装備の正規軍である。

なおアメリカ、イギリス、フランスなどは、不介入の態度を崩さなかった。これは当然と

言えば当然で、共産主義、ファシズムが衝突し、互いに大きな損害を出せば、漁夫の利を得られるからである。国際政治とはなんとも非情なものであった。

さて政府軍、反政府軍の戦いは一九三六年の夏からはじまるが、その状況は複雑な形にならざるを得なかった。例えば都市近郊の農民で、彼らは農地改革という面からは政府側に立ちたいところだが、その一方で教会の熱心な信徒でもある。この点からは反政府にもある程度のつながりを感じていた。また海軍の軍艦の乗組員のなかでも政府側（主として下士官、兵士）、反政府側（主として士官）に立つ者たちがおり、艦内で殺傷し合う場合もあった。

ただ言えることは先にも記したとおり、共和国軍は大雑把に言って三つのグループ（共産主義者、アナーキスト、社会主義者）によって構成されていた。

このうちのアナーキスト（無政府主義者・人間は個々の存在であるべきで、国ならびに政府の必要は認めないという考え方を主張するグループ）は、いまこそほとんど忘れられているが、当時ではかなり思想的な同調者が多かったいわゆる〝無政府主義者〟である。

つまりいかなる政府も人民の幸福には寄与せず、人々はたんなる個人的なつながりだけで、人生の充実を得るべきと考えていたグループであった。

これが当時、国際コミンテルンを掲げる共産主義者と相いれるはずはなく、ここには最初から根本的な思想上の相違が存在していた。

他方、この面から反共和主義政府のフランコ軍は保守で一本化しており、兵力からいえば劣勢ながら戦意は旺盛であった。

このような状況のもと、スペイン全土で戦闘が勃発するが、戦局は一進一退であった。これはどちらかが弱体化すれば、すぐにソ連、イタリア、ドイツからの兵員、物資の増強が行なわれたからである。

大きな変化が生まれたのは、戦争が始まってからちょうど二年目の、エブロ川の戦闘の時からである。

この時期になると、政府軍を強力に支援してきたソ連が、理由ははっきりしないまま撤退を決め、この事実が戦争の勝敗に決定的な影響を与えた。

政府軍プラスソ連の派遣軍

反政府軍プラスイタリア、ドイツの派遣軍

という形でそれまでの戦力はある程度均衡がとれていたが、ここでソ連軍がいなくなると、戦局の行方は明らかであった。

態勢が不利になると同時に、先に記した三つのグループで主導権争いが始まった。もともと共産主義者対アナーキスト間の摩擦が拡大し、それは議論、口論の枠を超えて、暴力的なものへと変わっていった。ソ連軍の撤退により、ますます政府軍は団結しなければならない時であったのに、仲間内で深刻な争いが多発していく。

スペイン戦争の天王山と言われたエブロ川の戦闘で発生した仲間割れは、瞬く間に戦力の低下につながった。さらに軍隊内のある種の共和制、言い換えれば〝究極の民主主義〟もマイナスに作用する。戦闘に当たって、そのさいの指揮官も、兵士たちの投票で決めようとし

共和国空軍の主力戦闘機だったポリカルポフI-153

たのである。

これは自由社会主義者の発案で、まもなく戦闘が開始されようという時でさえ、指揮官がなかなか決らないという場合さえあった。

このような信じがたい状況が続き、スペイン最大の河川を巡る戦闘は、フランコ軍の圧勝に終わる。

そしてそのあと政府軍側に残された最大の拠点は首都マドリードで、ここは開戦以来継続的に共和政府が置かれていた。この地の労働者は政府軍の中核とも呼ぶべき存在で、これまでは微動だにしなかったのである。

しかしエブロ川の敗戦から約半年、反政府軍は勢力を伸ばし、スペイン全土を燎原の火のごとく制圧していく。

マドリードはこの猛火の中に残された建物に似た状況となった。一九三九年初頭から首都の攻防戦が開始されるが、これは実質的にスペイン戦争の最後の戦いとなる。

この結末は誰の目にも明らかで、マドリードの守備、防衛は絶望的であった。完全に包囲され、しかも救援の部隊がやってくる可能性は皆無なのである。

それでも政府軍は降伏を拒み、最後の決戦に挑む。ところがこの方策を巡って悲劇が生じたが、それは例のごとく共産主義者と無政府主義者の、武器を使った抗争であった。

圧倒的な敵軍に包囲され、死に物狂いの抵抗を試みようとするときであっても、主義、主張の差は埋まらず、それだけではなく相手への敵意は、目の前のフランコ軍以上に燃え盛った。まさに近親憎悪とも呼ぶべきものかもしれない。

フランコ将軍をはじめとする反政府軍の将兵たちは、目の前の信じがたい事態にさぞ呆れたことであろう。

包囲された陣地のなかの戦闘は、一週間ほど続き、一〇〇人前後の死者を出している。そして主導権を握ったのは共産主義者であった。

しかしそれもつかの間、フランコ軍は攻撃を開始、最終的には多くの死傷者を出して政府軍は降伏し、二年半にわたるスペイン内乱はフランコ反政府軍の勝利に終わった。戦争の悲惨さはこれだけでは済まず、獲得した政権を守るべくフランコは旧政府側にあった多くの人々を処刑したのである。

それでも欧米は、国際的な共産側の勢力拡大を阻止する目的もあって、この政権を非難、糾弾することはなかった。

こうして独裁的なフランコ政権は戦後に至るも数十年にわたりスペインを支配し、徐々に戦争の影を消し去ることに成功したと言えよう。

この稿では、結論ともいうべきものがあまりに当然過ぎて、わざわざ記すほどの必要がなさそうに思える。どのような形、いかなる規模の戦いであっても、その最中に仲間割れしていては、勝利とほど遠い状態となる。

それでも実際にはこのような事態はごく稀とはいえないものの、皆無ではない。我々の周囲を見渡しても、それなりに実例を見つけることができるのではあるまいか。

例えば保守的な政府とその国家体制の打倒を目指すグループのいくつかも、共同歩調などと無縁で、意見が異なる相手の力の削減に多くの犠牲を払いながら奔走する。このひとことを見ても、意見、主義の対立する団体を、いわゆる一枚岩に形造るのは、至難の業なのであった。

●得られる教訓

先の項でも述べたとおり、なにごとにおいても内部分裂していては、目的の達成などほど遠い。

それがわかっていながら、人間というものには多少なりともこの傾向がみられる。組織内でこの分裂を収拾させるには、目的どころか、そのこと自体に多大な努力を強いられる。

もちろん事例にもよるが、できればなにごとも一人で行なう方がうまくいく場合が多いとも言える。

たしかに〝一人が最も気の合う他人〟なのである。

24 史上最大のヘリボーン強襲の失敗

——ラオスにおける〝ラムソン719作戦〟

一九六一年ごろから続いていたベトナム戦争も、そろそろ終盤に差し掛かりつつあった一九七一年二月、当時の南ベトナム軍はアメリカ軍の支援を受けて、隣国ラオスに侵攻する。ベトナムとラオスの国境付近には、北ベトナムがホーチミン・ルート（正確にはホーチミン・トレイル）と呼ばれる補給路を構築していた。

これを遮断すべく南、米軍は七〇〇機を超えるヘリコプターを動員し、北正規軍と激戦を交える。投入された最強のヘリ軍団であったが、目的の達成に失敗し、その損害は甚大だった。ここに大規模ヘリボーンの限界が示されたのである。

輸送機から充分な訓練を受けた兵士がパラシュート降下し、敵陣を攻撃する軍事行動を空挺／エアボーンと呼ぶ。第二次世界大戦では何度か実施されているが、現在ではヘリコプターを用いる同様な奇襲戦術が主流である。

これはヘリボーンと呼ばれる。

ベトナム戦争は、別名ヘリコプターの戦争と名付けられたように、回転翼航空機の大群は最初から最後まで戦い続けた。

その最大の作戦が、一九七一年二月のひと月間、ラオス国境付近で繰り広げられたラムソン719であった。この名称は、中世に行なわれたベトナム／越南と中国の合戦からとられている。

北ベトナムから南への補給ルートは、密林のなかに網の目のごとく張り巡らされていた。これを完全に遮断するため、作戦は次のごとく計画される。

○地上からの侵攻は二〜三万名からなる南ベトナム軍が担当

○ラオス領内の目標地点へのヘリによる輸送と、支援の空爆はアメリカ軍が担当。またベトナム国境からの砲撃もアメリカ陸軍の砲兵によるとなり、ラオスの国内五〇キロ前後まで侵攻する。

特筆すべきはヘリボーンで、第101空挺師団中心の、輸送用の大型ヘリCH−47チヌーク、汎用の中型ヘリUH−1ヒューイ、攻撃ヘリAH−1コブラなど合わせて七〇〇機以上が投入される。

まさに史上最大のヘリコプター中心の大強襲行動であった。しかし事前の情報から北ベトナム側も大量の対空火器、五万名の兵員、二〇〇台の戦車などを配備して侵攻軍を待ちかまえる。

戦場はアフリカの奥地などと同じような密林、そしてところどころの開けた台地と小さな

AH−1に撃破されたと思われる北軍のT54戦車

集落などであった。なかでも面積の九割を占める濃密な密林は、この戦局に大きな影響を与えることになる。

さて作戦が開始されると、数百機のチヌーク、ヒューイが多数の南の兵士を乗せて国境を越えた。ヘリの操縦士はアメリカ人である。この輸送ヘリの大集団を攻撃ヘリ、コブラが護衛する。このヘリボーンに南、アメリカ軍の上層部は、強力な空軍の支援もあり大きな自信を持っていたようである。

最初の二週間、侵攻は順調に進み、南の地上軍もラオスに進んだ。しかしその後、北ベトナム正規軍の猛烈な反撃が開始された。

彼らは熟知しているジャングルの地形を有効に利用し、とくにヘリコプターの着陸地点（LZ、ランディングゾーン）への攻撃を強化する。

この効果は強烈で、被撃墜、損傷するヘリが続出した。コブラ攻撃ヘリ、南領内から出撃するアメリカの爆撃機、戦闘爆撃機は、北の対空砲を攻撃しようと一日あたり五〇〇回を超えて飛行するが、先に記したように密生する広葉樹林が北軍の味方になった。この地方の樹林はわが国では想像もできないほどの植物密度で、大規模な伐採も不可能であり、わずかに少数の山岳民族が居住しているにすぎない。しかもそれが数百平方キロにわたって続いている。ともかく敵軍を発見することが困難であり、また見つけて爆弾、ロケット弾を投下しても生い茂った木々がその威力を削減する。

とくに広範囲の燃焼を目的とするナパーム弾は、水分を大量に含む大きな葉の密集によってほとんど役に立たない有様であった。

アメリカ機のパイロットは、これらの密林を〝(敵軍を守る)緑の天蓋／グリーンキャノピー〟と呼んだ。一部にダイオキシン系の枯れ葉剤も散布されたが、戦域が広すぎてその効力は認められなかった。

それでも輸送ヘリは続々と兵士を送り込んだが、北の戦力は大幅に増強され、二週間後には確実に優位に立つ。

一〇〇〇基ちかく持ち込まれた対空機銃が少なからず威力を発揮している。投入された南軍も第一歩兵師団、海兵隊と最強の部隊であったが、それでも次第に圧倒され始めた。

同時にアメリカ軍の司令部へ報告されるヘリの損害が日増しに増え、このままでは半数が消耗する可能性も出てきた。

一例をあげると、あるＬＺを巡る戦闘では、二四時間に一一機のヒューイが撃墜されてしまった。しかも地上軍の進撃も、絶えることなく行なわれる北軍の阻止行動により、遅々として進まない。

作戦発動から三週間余り、ついに米軍と南の司令部は、ラオスからの撤収を決める。ところがそれにもまた問題が生じた。地上部隊を引き上げるために、再度輸送ヘリをラオス領内に出動させなくてはならず、この損害が危惧されるのである。

実際、収容能力の大きいチヌークではあるが、機体は非常に高価である。この戦場で大半が失われれば、のちの作戦に支障をきたすのは間違いない。

このためラオス領内の部隊は、できるだけ徒歩で撤退させることになった。

この状況を知った北軍は、ますます激しく攻撃してくる。作戦終了までに、なんとか南に脱出できた兵士は、侵攻のさいの半分程度であったと伝えられている。それでもかなりの部隊は全滅するか、兵士の多くが捕虜になってしまった。

こうして史上最大のヘリボーンは、完全に失敗に終わった。

南、アメリカ兵の死傷は約一万名で、その数だけ見れば北も同数とみられる。そして戦場を確保したのは北ベトナム軍である。

そのうえヘリコプターについては、完全に破壊されたもの一〇七機、損傷四八五機。つまり損害率は七九パーセントに達し、ヘリが如何に対空砲火に脆弱であるか、という事実が証明されてしまった。

ともかく低速で低空を飛行するヘリコプターは、地上からの絶好の目標になってしまうのである。ラムソン719の場合、北側の航空機は戦場に姿を見せず、制空権は全面的に侵攻側にあった。それでもこれだけの損害率を記録したのは、たびたび記すが、グリーンキャノピーの存在にあったのである。

その証拠に、これがなければ状況は全く変わったはずである。

この戦いに北の陸軍は、珍しくT55、T34、PT76といったソ連、または中国製の戦車を二〇〇台近く投入した。これらは、ベトナム戦争で北側が機甲戦力を大量に使用した初めての例と言える。戦車群は開けた台地で、南軍を攻撃したが、これは北にとって完全な失敗であった。

南軍ヘリコプターの脅威となったソ連製の14.5ミリ機銃

敵の姿が見えるということから、待ち構えていた攻撃ヘリAH－1コブラが対戦車ミサイルを搭載して大挙出動し撃滅をはかった。

先の戦車はほとんど戦果を挙げられないうちに、

次々に破壊され、七〇パーセントを喪失、残りは早々に戦場から逃れていった。以後、アメリカ軍のベトナムからの撤退まで、北の戦車はほとんど戦場に現われることはなかった。

それでもこのラムソン719は、南、アメリカ軍の期待を裏切って惨めな失敗というしかない。ホーチミン・トレイルはそのまま残り、したがって南領内の解放戦線軍、北ベトナム軍の戦力はそのまま維持されているのであるから。

この時期、アメリカ軍はいわゆる〝ベトナム化〟によって、この戦場から撤収することが決まっていた。それで南軍の戦力を出来る限り強化しようと努力を重ねていたが、やはり北の正規軍には太刀打ちできないことが、この侵攻作戦の失敗によって明らかになってしまった。その結果に加えて国内の世論に負けた形で、アメリカはインドシナ半島の戦争から手を引くのであった。

やはりそれまでも何回か失敗を繰り返しているはずだが、この緑があまりに濃い地域で広義の航空作戦を実施するのは無理であった。航空機から敵が見えなければ、その攻撃力は宝の持ち腐れであった。

他方、いうまでもないことではあるが、戦場の地形が異なると、空軍の支援が著しく効果を発揮し、ヘリボーンは充分に有効な戦術である。一九九一年三月の湾岸戦争において、アメリカ陸軍はラオス侵攻と同規模のヘリボーンを実施するが、舞台がイラクの砂漠地帯とあって、敵軍に遮蔽物がなく、計画のとおりに侵攻し、見事に目的を達成している。

このさいにはやはり四〇〇機からなる輸送ヘリが、同じ数の武装ヘリのエスコートを受けながらイラク軍の背後約二〇〇キロに進出し、敵軍を排除しながら巨大な補給基地の設営に成功したのであった。

それまでも無数と言ってよいほどの経験を積んでいながら、アメリカ軍は二つの事柄を軽視し、この大作戦を実施している。それらは前述のごとくヘリコプターの脆弱性と濃密なジャングルの特性である。

この作戦を立案、計画した際、アメリカ軍、南ベトナム軍の首脳は、この問題に関してどのように考えていたのだろうか。南ベトナムという国家が消滅した今となっては、この点を明らかにしている資料は存在しないようである。

●得られる教訓

戦争といいビジネスといい、場合によっては喧嘩でも戦わなければならないとしたら〝自分に有利な武器を揃え、自分の得意とする舞台で行動する〟ことが勝利の条件である。

とくに後者に関してはこれを無視、軽視すると、状況は困難となり、それが敗北に直結する。これこそ間違いなく戦いの要諦であろう。

25 先走ったアイディア
——あまりにも非能率的な第二次大戦のドイツ兵器

V－2号大陸間弾道ミサイル、Me262ジェット戦闘機、世界初の音響追尾式魚雷など、大戦中のドイツの軍事技術は他国を大きく引き離していた。

しかしこのような優れた技術の反面、アイディアばかりが先行し、実戦においてはあまりに使いづらい兵器を、充分な分析もないまま実用化している。

これがドイツ第三帝国の敗北を早めた一因ということもできる。


。巨大すぎて使いこなせなかった八〇センチ列車砲グスタフ

歴史を顧みるとき、列強の軍隊はなんとしても他国のそれを上回る強力な大砲を欲しがった。

海軍の場合、良く知られているように、わが国の戦艦大和の艦載砲がそれに当たる。この排水量七万トンの世界最大の軍艦には、口径四六センチの巨砲が九門搭載されていた。

この大砲は、重さ一・五トンの砲弾をなんと四〇キロ先まで射ち出すことができた。アメリカ、イギリスの戦艦の主砲は、口径四〇センチで、砲弾の重量としては一・二トンといっ

たところである。

この大砲はまさに特筆すべき威力を有していたが、大戦中のドイツ陸軍はこれを大きく上回る口径八〇センチという超巨大砲を開発、製造し、実戦に投入している。

ここではグスタフと呼ばれたこの兵器について、その存在意義を論じてみたい。いってみればこれは人類が誕生させた、史上最大の陸上兵器であるからである。

一九三四年頃から設計が開始されたこの大砲と発射システムは、ともかく信じられないほど大きく、軍艦ではなく専用の鉄道用架台に載せて運用される。

現在ではどの国の軍隊も装備していない〝列車砲〟というジャンルで、道路を走るのではなく、鉄道線路で移動する。

総重量が一六〇〇トンを大きく超えるので、通常の線路では耐えきれず、複線が必要となる。つまり四本のレールがないと動くことができない。普通の蒸気機関車は約二〇〇トンであるから、その八倍の重量であった。車両の横幅は七メートル、高さは一七メートルである。架台には二〇対の車輪がついていて、長さ三四メートル、重さ三七〇トンの砲身を運ぶ。砲弾の重量は最大七トン、最大射程は四五キロ、発射速度は三〇分毎となっていた。

このグスタフの運用に直接当たる兵士の数は五〇〇名だが、砲弾の補給、周辺の警備に四〇〇〇名が必要である。

さすがにこれだけの巨砲となると、製造されたのはこの一台のみであった。

第二号となるドーラも製造されているが、完成したかどうか明らかになっていない。

列車砲グスタフ

さてこの巨砲であるが、実戦における運用状況を見てみよう。製造されたドイツから延々と東に走り、ソ連の領土であった黒海近くの戦場まで運ばれた。一九四一年の初夏から、ドイツとソ連の間に戦争が勃発していたからである。

それから一年後、グスタフはクリミア半島まで進出し、ソ連軍の守備するセバストポリ要塞の攻防戦に参加している。この要塞は間違いなく世界最大といわれ、一〇万名近いソ連軍兵士が立てこもっていた。

祖国を離れて実に一〇〇〇キロの戦場で、巨砲は四〇発前後を発射、要塞地下深くにある弾薬庫を破壊した。ただ四〇発も発射すると砲身の寿命が尽き、その後二年という長期間にわたって運用中止となった。

一九四四年、次の実戦はずっと北方で、ポーランドの首都ワルシャワの戦闘である。対独大規模反乱に対処するため、この地で砲撃を実施しているが、ここで発射されたのは数発といわれている。

この理由は、すぐ近くにソ連軍が迫っており、長くこの地に留まっていれば、その攻撃にさらされる可能性があったから、と思われる。

こうして莫大な開発、製造費用を投じた巨砲の実戦参加はわずか二度のみ、発射弾数は合わせて五〇発に満たなかった。

その後グスタフがどのような運命を辿ったのか、何の資料も残っていない。

これも第二次大戦のおける大きな謎のひとつと言える。重量一六〇〇トンの鉄の構造物の最後の状況が、全く不明なのである。

ソ連軍が捕獲した、あるいは撤退を前にドイツ軍が自ら爆破した、と思われるのだが……。

さてこの巨大な列車砲という兵器について、その効率を考えてみよう。そこに浮かんでくるのは、信じられないほどの扱いにくさである。

まず運搬に当たっては複線の線路が必要で、単線であったら線路の建設から始めなければならない。これには数千人の労働者が必要である。しかも線路が爆撃、砲撃、ゲリラ部隊の攻撃によって破壊されたら身動きが取れない。

またその大きさ、重量が過大で、そのままでは鉄橋やトンネルを通過できず、その手前でいったん分解、数台の専用貨車に積み替え、通過した後再度の組み立て作業が必要である。この場合、分解に二週間、組み立てに一ヵ月を要した。さらにそのためには専用のクレーン車がなくてはならなかった。

ともかく一〇〇〇キロを移動しようとすると、半年という時間がかかり、参加できる戦いは極めて限られたのである。

優秀なドイツの軍事技術者は、なぜこのように運用に大変な手間を要するような兵器を造りあげたのか、まさに理解に苦しむ。

だいたい、当時すでに実用化されていた欧米の大型爆撃機は、グスタフが発射する砲弾とおなじ重量の爆弾を一〇〇〇キロも運ぶことができるのである。

まさに射程四〇キロの大砲とは全く比較にならないのであった。

ドイツが生み出した超巨大兵器は、誕生する以前から惨めな運命を持っていたというべきであろう。

。ロケット戦闘機メッサーシュミットMe163コメートの悲劇

もはや一〇〇年に及ぶ航空機の歴史のなかで、もっとも特異な飛行体が、ここに紹介するメッサーシュミットMe163コメート（流星）である。なぜなら推進にロケットを利用した軍用航空機は、このコメートだけなのである。

他には半世紀以上前にフランスが開発したダッソー・トリダン戦闘機があるが、こちらはMe163と異なり実用化されず、試作のみに終わっている。

これに対しドイツ生まれの流星は四〇〇機以上製造され、そのうちの一五〇機前後が第二次大戦の末期に実戦に参加している。

・強力なロケットエンジンを備えた本機は、その運用からも特殊な形態であった。
・尾翼を持たないいわゆる全翼、無尾翼機である。
・離着陸に必要な車輪を持たず、離陸は分離式の台車、着陸は橇《そり》（スキッド）によって行なわれる。
・エンジンの燃焼時間はわずか五分足らずで、戦闘機でありながら、攻撃のさいは滑空状態であり、飛行時間は極めて短い。したがって行動半径は、基地から五〇キロに過ぎない。
・燃料は二種の化学薬剤で、強い毒性、爆発性を有する特殊なものである。

コメートは米英の大型爆撃機が基地に接近すると、ロケットで発進、三～四分ほどで一万メートルまで上昇する。そこでエンジンは停止、あとはグライダーとなって滑空しながら敵機を攻撃する。下降、上昇を繰り返しながら接近するが、ともかく動力がないので射撃する機会は一、二回に過ぎない。

あとは基地に帰還するだけだが、着陸はスキッドによって行なわれるから、地上では自力で動くことはできない。

停止した機体を専用のクレーンで持ち上げ、下部に台車／ドーリーを差し入れ、トラクターで格納庫まで運ぶ。

コメートの役割は、ドイツ本土に来襲するアメリカのB‐17、B‐24、イギリスのランカスターといった大型爆撃機への迎撃である。

これらの爆撃機は通常七〇〇〇メートル前後で飛行する。本機はこれらを一万メートルの上空から九〇〇キロを超える高速で襲うのであった。

一九四四年の秋の終わりから、コメートは少しずつ本土の都市の周辺基地に配備され、実戦に参加する。

しかしそれ以前に訓練中の事故が多発した。まずパイロットが無尾翼機の操縦に慣れていないこと、推進薬の安全性に問題があり、少しでも取り扱いを誤ると爆発に繋がること、そりによる着陸によって機体が損傷することなどである。

それらも次第に改良され、同年の終わり頃からいよいよロケット戦闘機の出番がきた。本土のライプチッヒには大きな化学工場があり、この地の拠点防空である。

この頃のドイツ第三帝国の敗色はすでに濃厚であり、正確な実戦記録は残っていないが、それでもアメリカ第8空軍に所属するB‐17大型爆撃機を複数撃墜したとされている。この数字は資料によって五〜一五機である。

またコメートはかなり高速であったので、攻撃中に爆撃機の反撃を受け撃墜された機体は極めて少なかった。

その一方で地上では弱点が現われた。攻撃を終えて基地に戻り着陸するが、自力では動け

実戦参加した試乗唯一のロケット戦闘機 Me163

ない。クレーン車、台車が来ないと滑走路に座り込んだままなのである。これを知ったアメリカ軍戦闘機が、低空に舞い降り、コメートを銃撃、次々と破壊する。

もちろん対空砲も反撃するが、数に勝る米軍機は動かない的を簡単に炎上させていった。

このようにして四〇〇機前後生産されながら、史上唯一のロケット戦闘機は充分な活躍が出来なかったのであった。

それにしても驚くほど高い技術をふんだんに盛り込みながら、この戦闘機の運用には根本的な無理があった。

それらはこれまでの記述でも明らかなように、とにかく扱いづらい兵器の一言に尽きる。この面からは、先の巨大列車砲グスタフと通じるものがあると言えるのではあるまいか。

ロケット戦闘機を開発する前に、その性能だけではなく、いわゆるオペレーション／運用に関する研究の不足が、「労多くして功少なし」の結果を招いたのであった。

なお日本もこのコメートに刺激され、秋水を開発しているが、実戦参加にはほど遠い状態に終わっている。


大戦における各国の軍事技術を振り返るとき、日本より数段進んでいながら、どうもドイツのそれはなにか偏っていたように感じる。このグスタフ、コメート以外にも、全く実用にならない六基のエンジンを備えた大型機を次々と開発したり、道路でも鉄道でも移動、あるいは運搬不可能な重量一五〇トン戦車を製造したりと、首を傾げざるを得ないところが多々見られる。

もっともわが国においても、全く役に立たない対米攻撃用〝風船爆弾〟といった、まさに滑稽としか表現のしようのない兵器を生み出している。

これなどあまりに程度が低く、コメートとはとうてい比較にならないが、開発に当たって徹底的な議論がなされなかったという点からは多分同様なのであった。

●得られる教訓

戦時、平時を問わず、誰かが奇抜なアイディアを出すと、周囲の人々が充分な議論をしないまま実行、実現に向けて走り出してしまう例は少なくない。

これは決して褒められることではないのだが、時としてそれが大きな成功に繋がる場合も確かにある。したがってこの状況からどのような教訓をくみ取るべきか、迷ってしまうというのが本音である。

最終的には広く一般に実用化されるかどうかを徹底的に議論するしか、方法はないような気がしている。

NF文庫

戦史における小失敗の研究
二〇二二年五月二十日　第一刷発行
著　者　三野正洋
発行者　皆川豪志
発行所　株式会社　潮書房光人新社
〒100-8077　東京都千代田区大手町一-七-二
電話／〇三-六二八一-九八九一(代)
印刷・製本　凸版印刷株式会社
定価はカバーに表示してあります
乱丁・落丁のものはお取りかえ
致します。本文は中性紙を使用

ISBN978-4-7698-3261-4　C0195
http://www.kojinsha.co.jp

NF文庫

刊行のことば

第二次世界大戦の戦火が熄《や》んで五〇年——その間、小社は夥しい数の戦争の記録を渉猟し、発掘し、常に公正なる立場を貫いて書誌とし、大方の絶讃を博して今日に及ぶが、その源は、散華された世代への熱き思い入れであり、同時に、その記録を誌して平和の礎とし、後世に伝えんとするにある。

小社の出版物は、戦記、伝記、文学、エッセイ、写真集、その他、すでに一、〇〇〇点を越え、加えて戦後五〇年になんなんとするを契機として、「光人社NF（ノンフィクション）文庫」を創刊して、読者諸賢の熱烈要望におこたえする次第である。人生のバイブルとして、心弱きときの活性の糧《かて》として、散華の世代からの感動の肉声に、あなたもぜひ、耳を傾けて下さい。

＊潮書房光人新社が贈る勇気と感動を伝える人生のバイブル＊

NF文庫

写真　太平洋戦争　全10巻〈全巻完結〉

「丸」編集部編

日米の戦闘を綴る激動の写真昭和史――雑誌「丸」が四十数年にわたって収集した極秘フィルムで構築した太平洋戦争の全記録。

戦史における小失敗の研究

三野正洋

二つの世界大戦から現代戦まで

太平洋戦争、ベトナム戦争、フォークランド紛争など、かずかずの戦争、戦闘を検証。そこから得ることのできる教訓をつづる。

潜水艦戦史

折田善次ほか

深海の勇者たちの死闘！　世界トップクラスの性能を誇る日本潜水艦と技量卓絶した乗員たちと潜水艦部隊の戦いの日々を描く。

戦死率八割――予科練の戦争

久山　忍

わずか一五、六歳で志願、航空機搭乗員の主力として戦い、戦争末期には特攻要員とされた予科練出身者たちの苛烈な戦争体験。

弱小国の戦い

飯山幸伸

欧州の自由を求める被占領国の戦争

強大国の武力進出に小さな戦力の国々はいかにして立ち向かったのか。北欧やバルカン諸国など軍事大国との苦難の歴史を探る。

海軍局地戦闘機

野原　茂

強力な火力、上昇力と高速性能を誇った防空戦闘機の全貌を描く決定版。雷電・紫電／紫電改・閃電・天雷・震電・秋水を収載。

＊潮書房光人新社が贈る勇気と感動を伝える人生のバイブル＊

ＮＦ文庫

日中戦争 日本人諜報員の闘い
吉田東祐

近衛文麿の特使として、日本と中国の間に和平交渉の橋をかけようと尽瘁、諜報の闇と外交の光を行き交った風雲児が語る回想。

立教高等女学校の戦争
神野正美

ある日、学校にやってきた海軍「水路部」。礼拝も学業も奪われ、極秘の作業に動員された女学生たち。戦争と人間秘話を伝える。

駆逐艦「野分」物語　若き航海長の太平洋海戦記
佐藤清夫

駆逐艦乗りになりたい！　戦艦「大和」の艦長松田千秋大佐に直訴し、大艦を下りて〝車曳き〟となった若き海軍士官の回想を描く。

B－29を撃墜した「隼」　関利雄軍曹の戦争
久山　忍

南方戦線で防空戦に奮闘し、戦争末期に米重爆B－29、B－24の単独撃墜を記録した、若きパイロットの知られざる戦いを描く。

海防艦激闘記
隈部五夫ほか

護衛艦艇の切り札として登場した精鋭たちの発達変遷の全貌と苛烈なる戦場の実相！　輸送船団の守護神たちの性能実力を描く。

カンルーバン収容所 最悪の戦場残置部隊ルソン戦記
山中　明

「生キテ虜囚ノ辱シメヲ受ケズ」との戦陣訓に縛られた日本将兵は戦い敗れた後、望郷の思いの中でいかなる日々を過ごしたのか。